Play Bigger

HOW PIRATES, DREAMERS, AND INNOVATORS CREATE AND DOMINATE MARKETS

吃掉80%市場的稱霸策略

阿爾·拉瑪丹 *Al Ramadan* ｜ 大衛·彼得森 *Dave Peterson*
克里斯多夫·洛克海德 *Christopher Lochhead* ｜ 凱文·梅尼 *Kevin Maney*——著

陳松筠——譯

目錄

第三部　長治久安的品類王

前言

從不良鮪魚到玩更大

大部份的書只有一位作者，你手上拿著的這本則是有一團。

且聽我娓娓道來。

首先，阿爾・拉瑪丹、克里斯多夫・洛克海德、大衛・彼得森三人都有點瘋狂，我是指令人喜愛的那種瘋狂。過去十幾年間，這三個人建立起了一種我從未見過的緊密關係。他們合夥的公司「玩更大」以高價幫助其他企業實踐這本書裡的內容（所以你真是賺到了）。整間公司只有這三人，還有偉大的總舵手瑪麗・佛曼（稱她為行政總管實在太委屈她了），他們不打算增加員工數量、進軍全球市場、爭取創投資金，也沒有要「挑戰」麥肯錫的地位。他們沒有正式的辦公室，通常喜歡穿著短褲，窩在克里斯多夫位於加州聖塔克魯茲的小屋裡工作；小屋的後院有幾隻母雞，有時看到漂亮的海浪三個人就先去衝了浪再說。這三個人對所有事都充滿熱情，而且深信任何句子加了F開頭的語助詞後聽起來都更美好。在面對所謂的公司高層做簡報時，他們則搖身變成管理顧問、勵志演說家、冒險海盜的詭異綜合體。

最重要的是，他們在生活以及公事上緊密結合的程度根本超過事業合作夥伴，直達兄弟的程度。偶爾，我聽到他們半開玩笑地互稱「蜜糖」。

這三個人青少年時期都和大環境格格不入，照理說這種孩子不應該如此成功。阿爾出生於澳洲，但他父親是來自賽普勒斯的藍領階級移民；蘇格蘭人克里斯多夫從小家裡說英文，卻是住在講法語的蒙特婁，一直到二十幾歲他發現自己有拼字障礙以前，都以為自己是個笨蛋。大衛生長於愛荷華州農業區，周圍的人總是對他另眼相看，因為他的外表是亞洲人。大衛的母親是日本人，熬過二戰後嫁給了美國軍人，丈夫之後帶著她回到愛荷華州鄉下。到了九〇年代，阿爾、克里斯多夫、大衛三人在走過了崎嶇的人生路後終於在矽谷定居下來。在他們成功之前，三個人各自有過慘痛的失敗經驗；在我看來，這些失敗正是他們現在如此精通產業的主要原因。套用科技人的話，失敗不是瑕疵（bug），而是特色（feature）。

我認識阿爾最久。九〇年代末期我在《今日美國》（USA Today）負責報導當時蓬勃發展的網路產業。那時我拜訪了阿爾的公司 Quokka Sports，至今這仍然是那個年代裡我最欣賞的公司。阿爾曾經擔任美洲帆船杯澳洲國家代表隊的科技長。因為這個經歷他了解到，一：新的網路設備可以捕捉到帆船賽的所有動態資料，二：帆船比賽透過電視轉播變得很難看。Quokka的理念是搜集所有賽事的動態資料，在網站上用獨特的播放模式讓帆船、賽車，或是奧林匹克運動會的粉絲能夠擁有身歷其境的全新體驗。Quokka對網路將大幅改變運動賽事觀賞的想法是對的，只是它提早了一、二十年出現。要一直到二〇一〇年代中期，運動產業數位化才終於抬頭。當時Quokka在一片網路熱潮中也的確順勢成長，可惜仍然無法在二〇〇〇年泡沫崩盤時存活下來，公司於二〇〇一年宣佈結束。自此我和阿爾成了朋友，每當我需要撰寫數位和運動相關的主題時總會找他聊聊。

阿爾結束自己的公司後加入巨集媒體（Macromedia）的高階管理團隊，Adobe買下巨集媒體後他也留在Adobe。阿爾是在二〇〇一年加入巨集媒體時認識了克里斯多夫和大衛。

在矽谷科技圈裡，克里斯多夫是行銷界的傳奇人物。如果布魯斯威利在「終極警探」系列裡飾演一名行銷長的話，應該就像克里斯多夫這樣。他有些魯莽傲慢又創意十足，說話的技巧高明到你以為他背後有政治公關公司幫忙寫稿。但其實克里斯多夫自青少年時期就不斷遭學校退學，他從沒唸過大學，而是靠著讀《奧格威談廣告》（*Ogilvy on Advertising*）和傑佛瑞・默爾（Geoffrey Moore）的《跨越鴻溝》（*Crossing the Chasm*）之類書籍自學成功。九〇年代中期，他在一間名為Vantive的軟體公司擔任高階主管，大衛在此時成為克里斯多夫的下屬。然後到了九〇年代末，我因為撰寫有關Scient的報導和克里斯多夫有了接觸。Scient在網路泡沫時代是一飛沖天的超級明星，公司一度在三年之內增聘兩千員工。它的收入來自於電子商務的顧問業務，克里斯多夫在此擔任行銷長。Scient在二〇〇〇年上了富比世雜誌的封面，但是二〇〇一年中公司宣告倒閉。它是網路泡沫崩盤的直接受害者。如果你是顧問而你的客戶一家一家消失……自然也不需要顧問了。

Scient關門後，克里斯多夫和大衛搭擋做了一陣子品牌定位顧問。他們的其中一個案子就是在二〇〇一年時協助阿爾一起重新定位巨集媒體。這，就是三個人聚在一塊兒的起始。克里斯多夫另一個輝煌的戰績是擔任水星互動（Mercury Interactive）的行銷長，他和大衛成功地重新定位了這間公司。克里斯多夫加入水星互動時，公司市值只有十億美金左右，最後水星互動在二〇〇六年被惠普以四十五億美金的代價收購。在擔任水星行銷長時，克里斯多夫希望能夠找到業界最厲害的人來協助自己負責水星互動的媒體溝通，那個人，就是大衛。

我在之前並不認識大衛，但現在我覺得大衛可能是我見過最會解讀他人心理的人。他認為自己的這項本領其實是防禦機制，因為小時候在愛荷華州他時常為了亞洲人外表被找麻煩。遇到有人找碴，大衛不動拳頭也不做縮頭烏龜，他只是用非常犀利的言語反擊回去。唸大學時他一開始是主修心理系，後來轉到政治關係，因為那裡的女生最多。二十五歲那年大衛接受了一家廣告公司的工作然後搬到矽谷，Vantive是其中一家客戶，而克里斯多夫則是後者的行銷主管。不久以後，克里斯多夫終止和廣告公司的合作，直接把大衛找進Vantive，自此之後兩人可說是形影不離。中間大衛曾經離開一段時間與人合夥創辦Givemetalk，他相信「網路談話電台」這個新品類「錢」景看好。結果那次創業成了大衛人生中的失敗教訓。如今幾乎沒幾個人聽過Givemetalk。大衛和他的合夥人領先時代太多，後來這個品類演變成了現在的播客。在這之後大衛加入水星互動繼續和克里斯多夫合作。這段在水星互動的經驗讓大衛正式成為矽谷的知名專業人士。他吸收了克里斯多夫的行銷魔法，再搭配上洞察人心的能力跟積極的執行力（用我們的專業術語來說就是「大衛能把事情搞定」），成為企業間炙手可熱的人才。後來，他落腳於另一家軟體公司Coverity，負責管理行銷部門長達數年。

到了二〇〇六年，阿爾跟克里斯多夫基本上已經處於退休狀態，大衛則還在Coverity。阿爾跟克里斯多夫都在太荷湖（Lake Tahoe）區有度假小屋，兩人會在滑雪時聚會。當時他們各自都有做一些顧問諮詢的工作也擔任幾間公司的董事，然後一邊想下一步該做什麼。阿爾這麼告訴我：「有天我跟克里斯多夫一起搭滑雪纜車上山時，我突然脫口而出：『我們各做各的究竟是怎麼回事？簡直瘋了！你會這個，我懂那個，我們應該一起做點事啊。』」阿爾和克里斯多夫於是開始合作，不久之後大衛離開Coverity加入他們的行列。三個人很快發現合作的成果比之前單打獨鬥要好上十倍。他們有點像復仇者聯盟，各自有各自的超能力：克里斯多夫是創意總監；阿爾有善於分析的商業頭腦；至於大衛，我們說過了，「能把事情搞定」。

新的顧問公司需要取名。當時我還不在這個團隊裡，但是根據我對他們的了解，可以想像決定的過程大概是怎麼回事。其中一定少不了波本酒、印度淡啤酒，和時不時出現的哄堂大笑。討論了一陣子後，「不良鮪魚」這個名字差點脫穎而出。但是酒醒之後，理性還是佔了上風，最後正式取名為「玩更大」，完美捕捉到公司本色。如果你曾經和這些傢伙工作至深夜，開始聽到越來越多異想天開的點子，那就表示「不良鮪魚」現身了。

二〇一三年某天傍晚，我和阿爾、大衛在舊金山共進晚餐。這是我們第一次談到出書一事。又過了好一陣子再度見面時，這次克里斯多夫也在，我們終於更深入地討論細節。我本人自從一九八〇年代中期就開始負責報導科技產業，而他們三人對於為何有些新創公司能一蹴而就的心得跟分析著實令我耳目一新。根據擔任業界高階管理人的多年經驗，他們歸納出所謂「品類王」和「品類設計」的概念，還有像是公司觀點和閃電戰等戰術策略。這就是他們帶給「玩更大」客戶的智慧財產。他們希望我不只是寫下已經他們知道的部分，還希望藉由我在新聞方面的訓練跟資料收集能更進一步深入探索這個理論。

當時，玩更大在業界已經是知名的顧問公司，只要他們出馬多半能扭轉公司的命運。我和矽谷傳奇品牌設計師佩姬·伯克（Peggy Burke，她的公司設計了思科赫赫有名的橋型商標，還有本書的封面）談到這件事時，她告訴我：「我無法形容這些人能拼命到什麼地步。他們就像是行銷界的馬力歐·安德烈地（Mario Andrestti，賽車手），能夠把公司從零加速到一百，不管任何公司都一樣。」

促使我決定加入的關鍵是他們想要出這本書的理由。正如前面所言，他們不是想拓展生意，這本書不是行銷自己的工具。他們是真的覺得自己有東西可以分享出來，幫助創業家、投資人、高階主管，甚至一般上班族，任何想在事業上更上一層樓的人。我已經數不清有多少次克里斯多夫提到《奧格威談廣告》和《跨越鴻溝》這兩本書。他相信如果大衛·奧格威（David Ogilvy）和傑佛瑞·默爾沒有寫這兩本書他將不會有今天的成就。他和其他兩人是真心期盼這本書也能夠啟發下一世代。

所以我接受了，然後一起花上數百個小時討論爭辯著每個題目，大半時間是在聖塔克魯茲那棟後面有母雞的小屋（很可惜，我目前還是不會衝浪）。我們聚在一塊，梳理著所有的資料找出品類王的特徵，然後研究幾十家公司的案例，訪談多位創業家、執行長、創投家，目的是找出品類設計和品類王的成功秘訣。

不論是從哪一方面來看，我和玩更大團隊都無比契合。我自幼成長於紐約州賓漢頓，自從九歲父親過世後有好幾年艱苦的日子，這和其他人的童年經驗相近。成年後，我幾乎一直在報導科技界的故事，不管是書籍、報紙、雜誌，或電視都有，但是我人不是在華盛頓就是在紐約市，總是站在矽谷外頭觀察著矽谷。而身為紐約州上州的孩子，我一直有打冰上曲棍球的習慣。雖然阿爾、克里斯多夫、大衛在衝浪的時候一根指頭就能打敗我，但放到冰上就換成他們求饒。

總而言之，這就是「一團」作者的原因。玩更大已經有所謂的主唱（克里斯多夫），貝斯手（阿爾），和鼓手（大衛），我則是帶著吉他加入，宛如天作之合。這張專輯的曲目少了任何一個人都沒辦法演奏；這本書真的是集結眾人之力。

現在，我該停筆了。接下來你看到的所有內容都是我們四人的合奏。有些時候，我們或許會討論阿爾、克里斯多夫、大衛的個人經驗，不過是用第三人稱敘述，像是：阿爾在巨集媒體做過這事，或是，克里斯多夫和大衛在水星互動時有個故事……等等。總之，請記得這是我們四人的大合奏。

凱文．梅尼

紐約市，紐約州

二〇一五

第一部

品類之王經濟學

第一章
創造致勝

大哉問

臉書、谷歌、Salesforce.com、優步、VMWare、網飛、宜家家居、伯德埃冷凍食品、五小時能量飲料，以及皮克斯動畫有什麼共同點？

蘋果電腦和有一百六十五年歷史的康寧玻璃有何相似之處？

微軟在Zune、微軟行動版、Bing、微軟商店上砸了數十億美金，一敗塗地，到底犯了哪些常見的錯誤，還一錯再錯？

該怎麼解釋有些新創公司不但生存下來還身價高漲，有些卻關門大吉，灰飛煙滅？

為什麼貓王不只是個王，還是品類王？

關於二十一世紀的經濟，不論景氣好或壞，上面這些例子讓大家學到了什麼？回答這些問題的關鍵都和創造、開發、統治新的產品及服務品類相關。

繼續看下去，我們將一一道來。

品類王與帝國的真實故事

我們的日常生活中充滿了品類王。這些公司有的創造了全新的商業品類，有的則是找出全新的做事方法。這本書中，我們研究這些品類王，分析相關數據，並訪問了其中多位創辦人。品類王形塑了我們的生活，改變了未來。照我們的說法，這些公司比其他人玩得更大。

品類王並不是近幾年的新鮮事。一九二〇年代以前，世界上沒有所謂「冷凍食品」。是克萊倫斯．伯德埃（Clarence Birdseye）創造出這個品類。和歷史上許許多多的品類創造者一樣，伯德埃從小是個邊緣人。一八八六年出生於紐約布魯克林，伯德埃大部份的時間都在紐約長島上的家族農場裡度過，並且漸漸對製作動物標本產生濃厚興趣（現在沒多少小孩會把這當成嗜好）。長大後伯德埃成了一名替美國政府效力的博物學家，最後被派到了加拿大東北邊的拉布拉多省（Labrador）。在那裏伯德埃看到因紐特人（Inuit）捕到魚後馬上丟在冰上急速冷凍，以保持魚肉的口感與滋味。當伯德埃回到美國後，他開始試著用乾冰急速冷凍魚類，接著他又發現同樣的辦法也可以用在蔬菜上。於是他開了間公司——起初叫做「通用海鮮」，專門製造並銷售這項全新商品。

經營業務的同時，伯德埃發現他必須要自己設計並打造整個品類。因為在這之前，根本沒有一條將冷凍食品從工廠送到消費者手上的產銷鏈；也不存在所謂市場需求，因為消費者根本不知道自己需不需要這個商品。於是他開發出火車的冷凍車廂，說服鐵路運輸業者使用；他針對超級市場設計了冷凍食品櫃，向業者保證冷凍食品需求一定會成長；他甚至說服杜邦發明玻璃紙這個產品。接著，他在所有的廣告裡明確定位出，冷凍蔬菜截然不同於罐頭蔬菜。在《生活》（*Life*）雜誌一則早期廣告中（當時公司已改名為伯德埃），一名戴著珍珠的貴婦斜倚在靠枕上吃著伯德埃菠菜，暗示著只有市井小民才會吃罐頭蔬菜。冷凍食品不是比罐頭食品好，而是根本和罐頭食品不一樣。伯德埃一連串的努力直到好幾十年後才終於開花結果，因為創造新品類本來就是耗日費時的事情，特別是在那個年代。想當然，在將近一個世紀之後，伯德埃仍然是冷凍食品界的龍頭之一。

其實，克萊倫斯．伯德埃和優步創辦人的相似之處比你以為的還多。

優步是晚近出現的品類王。就在不很久以前，我們都面臨著一個古老的問題：大部份都市裡的計程車服務糟透了。當你走到街邊攔車，你永遠不知道下一台計程車會很快現身，或是得等到天荒地老。但是除了計程車之外，似乎沒有其他可以快速搭到車子的辦法，大家也就這樣勉強過下去。這是一個早就出現，而目前依舊存在的問題，但卻沒有人意識到其實可以用新的方法解決的問題。

二〇〇八年的某個雪夜，正在巴黎參加歐洲科技座談會的特拉維斯・卡拉尼克（Travis Kalanick）和加瑞特・坎普（Garrett Camp）站在街邊試圖攔下計程車，他們渾身濕透冷得發抖卻一無所獲。當時卡拉尼克和坎普都已經是小有所成的科技創業家。卡拉尼克創辦了一間線上內容公司 Red Swoosh，後來被 Akamai Technologies 以兩千萬美元收購。坎普更厲害，他的內容交付網站 StumbleUpon 以七千五百萬美元賣給了 eBay。兩人都正在尋找下一個創業構想，討論有無一起合作的機會。在這個又濕又冷的巴黎夜，他們聊到要如何解決計程車的問題。當時蘋果智慧型手機問市還不到一年，人們對行動科技與服務的想法正逐漸改變。這兩個人心想，為什麼我們不能拿出智慧型手機，按幾個鍵，就有車來載呢？

回到舊金山後，他們遇上了一模一樣的問題：在舊金山叫計程車就像在人山人海的酒吧買酒一樣艱難。於是他們開始動工，二〇一〇年在舊金山發表了他們的服務。數百萬名用戶如今知道，當他們按下按鈕的時候，智慧型手機裡的應用程式會傳送訊息給駕駛人，告知顧客所在地點。這些非計程車司機，只是用自家客車兼差賺外快的駕駛人手機上則有駕駛版的應用程式，可以看到顧客的位置並決定是否接受。這套系統儲存了顧客的信用卡資料，付款部份對雙方來說既方便又安全。卡拉尼克和坎普一開始把這套服務稱為「優步小黃」，後來改成「優步」（UBER）。

半年後，大把投資人捧著錢排隊要投資優步。基準資本（Benchmark Capital）投了一千萬美金。包括傑斯（Jay-Z）和傑夫・貝佐斯（Jeff Bezos）等名人也有投資。接著，優步拓展版圖到其他城市。除了擴張，優步同時做到一件非常重要的事：它讓我們所有人意識到計程車服務是個問題，而且現在有了新的解決辦法。優步能夠讓大家注意是因為它整個公司和服務項目的設計結構，是因為它不斷對大眾傳達訊息，是因為它和現有產業的衝突。每當計程車業試圖抵制優步，反而讓民眾更注意到優步。在倫敦，計程車司機以罷工來抗議優步。結果乘客因為叫不到計程車，只好下載軟體，搭乘費率一口氣上漲八倍的優步。優步一面發展自己的企業跟服務，也一面定義著這個新品類難題並且灌輸到人們的腦中。

短短幾年內，優步的執行長和代言人卡拉尼克了解到，他甚至可以架構出一個更大範疇的問題，而優步就是解答。大多數地區，特別是都市，個人運輸不僅昂貴而且雜亂無章。更別提太多車輛還會導致塞車與污染，後者一直是人類始終無法解決的兩大問題。於是，卡拉尼克開始丟出一個假設：如果，可以用更少台車卻服務到更多的人呢？如果優步服務變得非常普及、可靠、便宜，讓人們覺得比自己開一台車還划算呢？他在訪問裡說過，想要讓「運輸就像自來水般方便可靠」。另外，這套系統不單單只是載人，可以載任何東西，例如貨運。優步在架構自己的服務跟企業的同時，也架構了一個優步能夠定義並且主導的品類。

到了二〇一四年，投資人對優步的估價高到離譜。二〇一四年六月投資人估價為一百七十億美金，到了十二月已經變成四百億美金，六個月後繼續漲到五百億美金。對照當時優步的營收規模，你一定會覺得這些投資人瘋了。但是如果把眼光放到優步宣稱可以解決的問題規模，那四百億或五百億美金長期來看確實便宜。優步創造了一個從未出現過的品類，然後不斷告訴我們他們是唯一了解並且能解決這個問題的企業。六年前根本沒人想過的事情，優步創造出一個龐大的品類，在裡頭稱王。這就是投資人擲大錢的原因：這個新品類的潛力以及優步可以長期在其中稱霸的信心。到了二〇一五年優步仍未上市，這表示五歲大的優步雖然已經聲名遠播，其實還在開發品類。我們的研究顯示，聰明的企業通常會等到品類羽翼已豐之後才上市，通常是在公司成立後的六到十年間。

二十一世紀的今天，新的品類王不斷出現，間隔時間也越來越短。另一個品類王的例子是Sensity Systems。這間原本只是生產LED燈的小公司，直到連續創業家休・馬汀（Hugh

Martin）接手後，開始踏上品類創造之路。馬汀是照明產業的門外漢。他之前曾管理過生技公司、電信公司，還有電玩公司，但從未接觸過照明業。馬汀在ＬＥＤ上看見一個商機；ＬＥＤ用的電流規格和電腦、網通設備、數位感應器都一樣是五伏特直流電。這表示透過ＬＥＤ，照明設備應該可以數位化，讓整個照明產業風雲變色，就像音樂和照相一樣。事實上，燈具裡可以內建蒐集資訊的感應器，感應項目包括空氣品質、動態、音頻或天氣等等。再來，燈具也可以連接無線網路，意即透過ＬＥＤ燈可以搜集並傳送大量的資訊。照明網絡可以在購物中心停車場內監控車輛數量，或者，警方能利用照明網絡更正確地找出槍擊地點。馬汀已經預見，不遠的未來將會出現全球連結的照明平台。

我們很榮幸能夠和馬汀一起定義並且規劃他所預見的這個新品類，我們稱此過程為「品類設計」。馬汀和他的團隊把新品類命名為：照明感應網路（Light Sensory Network, LSN）。馬汀一面發展自己的公司，也一面宣傳這個品類。他希望所有潛在客戶都能先了解照明感應網路能夠解決的問題，那麼有天客戶真的需要解決這類問題時，哪個名字會先浮出水面呢？當然就是最先定義品類，根本是品類同義詞的Sensity Systems。如果Sensity System缺乏這種思維邏輯，那不過又是另一家大同小異的智慧照明公司，但現在它則是一間照明感應網路領導企業。如今許多全球化大企業紛紛加入ＬＥＤ照明及感應器的戰局，像是通用電氣、飛利浦、三星、樂金。Sensity System已經在二〇一五年簽約成為通用和思科的夥伴，但前者並不打算用「更好的」感應ＬＥＤ來擊敗其他競爭者，它的計劃是行銷「不一樣」的產品來獲勝，重點是網路和資料。只要Sensity System的策略執行妥當，將能在照明感應網路裡做個長期稱霸的品類王。

再次強調，品類創造需要時間，或許是十年之久，也不保證一定成功。還有許多馬汀或Sensity System無法控制因素，也會左右成敗。但投入品類設計和開發絕對讓Sensity的贏面大增。Sensity增加了自己玩更大的機會。

定義為王

最精彩的公司懂得創造。它們帶來新的生活方式、思考模式、營業模式，很多時候這些公司解決了我們本來沒有意識到的問題，或者我們知道卻從未注意，因為我們認定沒有別的解決辦法。優步出現前，我們叫車的辦法就是往路邊一站，伸長手臂；優步出現後，路邊攔車顯得很遜。

這些公司不只發想出新點子然後賣給消費者。它們不是推出比以前進步的產品或服務，它們賣的不是「更好」。最厲害的公司賣「不同」，給我們全新的產品或服務品類，像是克萊倫斯．伯德埃的冷凍食品或是優步的即時運輸。它們徹底改變消費者看待世界的角度，讓過去的辦法顯得落伍、笨拙、緩慢、昂貴，甚至痛苦不堪。

很多人在講「破壞」。在科技界「破壞」儼然神聖無比，聽到時似乎得跪地膜拜。但破壞只是副產品，不是主目的。傳奇公司創造了新品類，打亂原本的市場秩序。消費者很快就接受並且投入新品類的懷抱。有時候，消費者再也不使用原來的品類，於是整個產業受創凋零。這種情況下，新品類的確破壞了就品類。但是地球上最聰明的海盜、夢想家和創新者都知道，「破壞」從來不是真正的目標，「創造」才是。貓王從未立志要「破壞」爵士樂，他只是忠於自我，創作出搖滾樂。搖滾沒有比爵士好，而是不一樣。只不過漸漸地，越來越多年輕人擁抱搖滾樂，讓紅極一時的爵士樂團漸漸暗淡無光。破壞，是貓王創作帶來的副產品。

有時候，新品類的崛起完全沒有破壞任何東西。Airbnb創造了新品類，即時民宿。但是截至目前所有人——包括公司執行長布萊恩．切斯基（Brian Chesky）本人，都不認為這個品類會導致飯店業崩壞。

本書把這些能創造、發展，進而統治整個品類的公司稱為「品類王」。很重要的一點是，品類之王不一定是最早想到點子或是最早申請專利的公司。光是推出一件好產品並不會自動變成品類王。要稱王，必須同時間一起設計出好的產品、好的公司，以及好的品類。品類之王會有意識地定義並且發展品類，以長期稱霸品類作為公司目標。

科技業三不五時就會掀起一陣新創公司的高估價風潮。但估價和破壞一樣，只是一個結果，並非企業策略。一間公司即使獲得十億美元的估價但不是品類王，通常也是黯淡離場。反之不管景氣好壞，十億美元的估價對一間創造、開發、統治個別品類的品類王來說都是非常划算的價格。

品類之王指得是那些快速成長並屹立不搖，能長時間創造價值的公司，像是亞馬遜、salesforce.com、臉書、谷歌。原因在於這些公司開發了一個極具潛力（我們稱為品類潛力）的品類，然後專心地攻佔整個品類的經濟利益。資料顯示，品類王通常拿走整個品類七〇%到八〇%的市場和利潤。我們針對美國在二〇〇〇年到二〇一五年家所有獲得創投資金的科技新創公司做了資料科學分析，發現品類王賺進了整個品類七六%的市值。有些品類王成了舉世皆知的品牌，因為他們本身就代表了該品類：全錄、谷歌、宜家。品類王們確確實實地掌握了整個品類所要解決的問題，也因為如此，其他公司幾乎不可能取代他們的地位。消費者也一樣離不開品類王；這就是微軟在Bing上砸了一百億美元卻動不了谷歌一根寒毛的原因。只要品類王沒有自己砸鍋，試圖攻擊它們通常只是白費力氣。

這本書在講建立品類之王的策略。照著這套策略不能百分百保證你的公司會變成品類王，但是機率大增，我們相信至少你的公司規模絕對會成長。後面也會提到，品類王策略在經濟衰退時非常重要且有效，應該說是特別有效，因為你的競爭對手正受到不景氣所苦。有些品類王在所謂「最差」的年代崛起：谷歌成立於二〇〇〇年網路泡沫崩盤之後；Airbnb在二〇〇八年金融市場崩潰時出現；伯德埃冷凍食品則是成長於經濟大蕭條年代。

品類王通常是獲得最多媒體、投資人、消費者關注的公司。臉書定義了也開發了一個建立在個人真實生活上的全新社群網路，之後我們會討論到為什麼臉書不是一個「更好」的社群網路，而是「不同」。網飛最早創造了郵寄光碟的品類（和百視達「不同」），後來又創造了電影串流的品類。皮克斯設計了電腦動畫電影這個品類。Airbnb、特斯拉、Snapchat、推特則是最近出現的消費性品類之王。企業服務科技領域裡的品類王不勝枚舉。Salesforce.com開發出雲端運算的業務服務自動化品類，VMWare定義並主導了電腦虛擬化品類。Workday，Zenefits，Netsuite，Slack則是商業服務裡新崛起的品類王。

大部份的創業家一輩子只能成就一個品類王，只有非常少數的人稱得上品類創造大師。其中最好的例子，你可能也猜到，就是賈伯斯（Steve Jobs），特別是再度回鍋蘋果後的他。他造就了三個新的重要品項：數位音樂（iPod和iTunes）、智慧型手機（iPhone）、平板電腦（iPad）。伊隆・馬斯克（Elon Musk）更是神奇地在同一時間內讓特斯拉成為電動車的品類王，也讓太空探索科技公司（SpaceX）成為私人太空飛船的品類王。傑夫・貝佐斯首先讓亞馬遜網站當上線上零售的品類王，再來如法泡製了電子書品類（Kindle）還有雲端運算服務（Amazon Web Services）。西雅圖創業家里奇・巴頓（Rich Barton）是另一位比較少人知道但也十分多產的品類創造者，包括Expedia，Zillow，Glassdoor。

前面提到伯德埃食品時已經說過，品類王不僅僅是網路科技時代的現象。克萊斯勒在一九八三年推出廂型車，創造出新的迷你廂型車品類並且稱霸了三十年之久。鮑伯・皮特曼（Bob Pittman）的MTV和泰德・透納（Ted Turner）的CNN也一度是品類王。一九五八年，波音的七〇七客機開創了噴射客機這個品類。有的時候，品類之王甚至不是一個企業，但是定義並且發展了一種新的生活方式。彼得・杜拉克就是管理式思維的品類王；當然，我們講過的貓王就是搖滾樂的品類王。這些人不僅僅是比他們的前輩更好；他們和之前所有的人都不一樣。

最後，品類之王不只是出現在矽谷或美國。世界上每個角落都會出現國際性的品類王。宜家家居總部位於瑞典小鎮艾姆胡特，這間公司創造出前所未見的新品類：便宜、時髦、可自行組裝的傢俱。Skype誕生於愛沙尼亞，發展了網路電話品類。澳洲公司Atlassian則是軟體協同作業的品類之王。對有些企業來說，文化差異或地域性反而提供了創造區域性品類之王的機會。阿里巴巴把自己定義為中國的亞馬遜，打造出了稱霸品類的公司；印度的Flipkart也是如此。這兩家企業都沒有定義或發展線上零售品類，但是用另一個角度來開發並且稱霸廣大的國內市場。

為了本書，我們研究了所有提到的品類之王，當然還有很多沒寫到的，這些都會在之後的章節詳加討論。

品類經濟學

品類之王所佔有的經濟優勢十分巨大，而且成長曲線也快速陡峭。原因倒不是因為投資人看好的心態，後者可是翻臉無情。主要還是因為發展快速的強大科技趨勢。這些趨勢改變了大多數創投家對投資的看法，也因此改變了創業家思考自家公司的角度。如果執行長們在規劃新產品與未來走向時受到了品類經濟學的影響，那麼行銷人員對產品的定位、工程師打造出的產品勢必起變化。任何人規劃事業時都必須考慮品類經濟學。

超級投資家彼得．提爾（Peter Thiel）二〇一四年的著作《從〇到一》中不遺餘力地讚頌市場壟斷，明確指出那就是他希望投資的標的。「每個壟斷市場的公司都很獨特，但他們之間有以下共同特徵：特別技術、網絡效應、規模經濟、品牌口碑。」你看看，這不正是在說品類之王嗎？這些公司拿走了品類大部分的市場。提爾還說：「所有歡欣鼓舞的公司都不同：因為能解決獨特的問題而壟斷市場；所有失敗的公司卻都一樣：躲不開殘酷的市場競爭。」照提爾的說法，品類王就是歡欣鼓舞的公司。

多年來，矽谷傳奇投資人麥克．梅博斯（Mike Maples）一直說要把他的錢壓在「雷神蜥蜴」上；這是他對品類王的稱呼。「雷神蜥蜴是讓產業大洗牌的公司，公司表現遠遠超越其他同業。」他這麼對選他課的史丹佛學生說。「雷神蜥蜴很少見，同時期內假設有一萬家新創公司拿到天使基金，一千五百家拿到首輪基金，大概有八十家公司會成功，不過只會有十二家雷神蜥蜴。」

在矽谷，我們看到創投家紛紛改採品類王投資邏輯。**Bullpen Capital**的保羅．馬提諾（Paul Martino）注意到創投業過去相信「順風」（me-too）策略：如果某家新創公司紅了，開發出新熱門品類，大部份矽谷創投人相信市場還可以容納其他許多玩家。於是一碰到新品類出現，每個基金都投資很多間公司，簡直是有公司就投。但到了本世紀，「市場還可以容納其他許多玩家」被視為瘋言瘋語。馬提諾告訴我們，現在任何健康品類明顯是由一家公司獨大並主導，剩下的同業苦苦求生，最後關門或被併購。這表示一旦公司有成為品類之王的徵兆，各路資金都競相湧入，身價水漲船高。投資人的新邏輯正是二〇一〇年開始新品類王的市場估價不斷飆高的原因。另一方面，雖然順風公司能夠拿到早期資金，但很快就會意識到自己爭取不到高品質基金的資金，因為後者服膺品類經濟學。許多順風公司垮台只是遲早的事。布萊恩．羅伯特（Bryan Roberts）任職於另一間一流創投Venrock，他盡可能在早期發掘有潛力成為品類王的公司，「品類之王通常踏足於無人之境，這也代表它們在草創期冒著很大的風險；很多人會認為它們撐不過去，或者就算活下來了也無足輕重。」他告訴我們。Snapchat可能算是他說的第二種情況；剛開始，很多人不懂怎麼會有人以為青少年有刪除自拍照片的需求。但是一旦品類王證明新品類需求確實存在，例如Snapchat，「群眾認知會快速翻盤，然後你（該公司）將享有其他競爭對手很難超越的優勢。」羅伯特認為，今時今日，品類之王不但贏得多，也贏得快。此外，Sequoia Capital的吉姆．哥耶茲（Jim Goetz）乾脆直接宣傳他的品類投資邏輯：「我們在找身負使命的創業家，要能同時打造一流的公司和品類。」

各種研究報告紛紛指出品類之王的力量。二〇一一年，劍橋集團（the Cambridge Group）的首席顧問尹艾迪（Eddie Yoon）在哈佛商業評論裡發表了一篇文章《品類創造是唯一的成長策略》。他的公司分析了財富雜誌二〇一〇年企業成長最快排行榜的前二十名，這些公司營收每增加一塊，市場上對它的價值估計就上漲三塊四。尹艾迪認為其中又有一半的公司創造了新品類，而這些公司的營收成長與估價成長比則是五塊六。他寫道：「華爾街對創造品類的公司報酬以指數成長。」二〇一四年管顧龍頭麥肯錫發表了《快速成長或緩慢死亡》一文。麥肯錫分析了一九八〇到二〇一二年家間共三千家軟體及網路公司，認定其中一小撮優秀的公司為「超級成長股」，幾乎和我們對品類王的定義一模一樣。該文的結論是如果公司在草創期就能有爆炸性成長，那未來成功的可能性極高。品類王的地位一經確認，難以撼動。

品類王是存在已久的商業現象，為什麼在今日出現的如此頻繁？無所不在的網路、便宜的雲端平台、以光速分享訊息的社群媒體都助長了贏者通吃的經濟模式，特別是數位產品及服務。別忘了，一九九九年只有四億人口使用網路，到了二〇一五年這個數字已經到了三十億，估計二〇二〇年會來到四十億人，然後地球上應該會有六十億隻智慧型手機。另外，數以億計的產品開始連接網路，像是汽車、照明、工業感應器、控溫器、狗項圈等，過去從未數位化的產業（計程車、旅館、醫療）也迅速地數位化。這個大物聯網幾乎連接了地球上所有物件。既然網路給了所有人通往各領域最佳產品的途徑，消費者自然選擇各品類的領導者，對次等選項毫無興趣。這正是專家討論已久的「長尾理論」的陰暗面：任何一類產品或服務，只有一個主體能當體積最大、最有價值的狗，其他所有玩家都只能擠在狗尾巴上求個溫飽；而且品類之王還可以隨心所欲地搖尾巴。

一旦公司成為品類王，各種優勢迅速地拉開它和其他競爭者的距離。舉例來說，領導者能夠拿到最齊全完整的資料，而資料，就是力量。亞馬遜上每一筆交易都讓亞馬遜更加了解消費者、庫存狀態、價格等種種一切。優步的每趟車程、網飛上每部播放的影片、Salesforce.com上每筆通知，亦是如此。當領導者搜集了巨量的資料，就開始轉化成巨大的優勢，讓競爭對手望塵莫及。品類王也能吸引業界最優秀的人才效力，吸引最好的合作夥伴簽約。外部開發商會針對品類王開發周邊產品，最好的投資人想把錢放進來，最好的投資銀行想幫它公開上市。品類之王獲得了最多的經濟優勢，逐漸開始有餘裕能併購其他公司，又更進一步鞏固了自身的領先地位。於是，品類王的經濟實力日益強大。

二〇一四年底，Canaccord Genuity的科技業分析師麥可・沃克力（Michael Walkley）研究各智慧型手機大廠的獲利報告後，發現蘋果手機拿了整個產業九三%的利潤。你想想，雖然有這麼多家手機廠，單僅僅一家品類王，就吃了幾乎整個經濟體的利潤。不管好壞，企業界越來越沒有中產階級這回事。財富聚集在王者手裡。再次一等的王子，像是三星或Lyft，只能分到大餅的一小口。剩下的小角色注定在汪洋裡載浮載沉。

二〇一〇年開始，媒體開始瘋狂注視科技新創公司獲得的高估價。有些數字可能和市場景氣相關，容易隨環境改變。但整體來說，估價飆高起因於科技和經濟的本質起了變化，品類經濟邏輯更是推波助瀾。仔細觀察，你會發現那些價值最高的新創公司幾乎都是已經確認或正在崛起的品類王。

透過資料分析，我們抓住了某段時期內的高成長速率和王者與其他公司間的鴻溝。我們從幾千家科技新創公司的估價中發現，比起二〇〇〇年那時，二〇〇九年到二〇一四年中成立的成功公司獲得投資人超高估價的速度快了三倍。換句話說，短短十年之內，高成長科技新創公司的價值翻了將近三倍。但這次和九〇年代的網路泡沫不同，海浪撐起豪華遊艇時也淹沒了小船，非品類王的公司都在苦苦掙扎。我們的研究還得出另一個結論，如果一家新公司在六年左右還沒登上王位的話，大概就永遠沒機會了。

概括來說，王與非王的差距如下：二〇一五年底優步獲得了五百一十億美金的估價，是亞軍Lyft的估價的二十五倍，後者只有二十億。再下去的公司根本不值一提。這些公司或許實際身價更高，也或許不是，我們關心的是相對價值：優步硬生生就是Lyft的二十五倍。表示投資人看的是個人即時運輸品類的未來價值，而且他們相信優步能吃下幾乎整個大餅。

撰寫本書的時候，科技業正陷入一片泡沫榮景裡。我們不知道你閱讀此書的時候科技泡沫是否已經幻滅，但是書裡所提的關係與策略絕不會改變。景氣好時，企業一定要從品類王的角度思考才能超越競爭對手，獲得更多資金挹注；景氣差時，市場流動資金緊縮，品類王可能是整個品類唯一能存活下來的公司。總的來看，經濟衰退反而是品類王甩開其他對手的大好機會，一旦景氣反轉，企業將更上一層樓。

何謂品類設計

如果你玩撲克，應該聽過葛雷格．雷默（Greg Raymer）。他成長於美國中西部，明尼蘇達大學的生化碩士，一九九二年畢業於明尼蘇達大學法學院。接著他到瑞輝藥廠擔任專利律師。雷默大學時期經常玩撲克，「我們只是一群渾渾噩噩的大學生。」他回想。當他在芝加哥上班的某一天，葛雷格下定決心要成為撲克高手。他開始讀各種相關書籍，然後參加巡迴賽磨練自己。二〇〇四年，他成了世界撲克錦標賽冠軍，獎金五百萬美元。拿到冠軍的第二年，他的表現讓人覺得幸運地不可思議：雷默再度打進比賽最後階段，並且贏了三百萬美金。截至二〇一三年撲克已經讓他賺進超過七百四十萬美金。呃，然後他辭職了。

我們問雷默，在充滿不可控變數的撲克牌局裡，玩家到底要怎樣增加獲勝的機會（我們真的，真的會和科技業以外的人接觸）。「大部份人對運氣和技術的看法不正確。」他說。多數人覺得運氣和技術加起來就是一，就是全部，像是一條直線的兩端。這表示，如果你覺得牌局裡運氣佔四成，那技術就佔六成；或者，九成是運氣，那只有一成和技術有關。但是運氣和技術，雷默堅信：「根本不在同一個座標軸上。」情況於是大不相同。

雷默用撲克示範解釋。玩家手裡拿到什麼牌絕對是和運氣有關，但決定要怎麼打這手牌、怎麼下注、外在肢體表現，卻絕對和技術有關。以運氣來說，桌上每個人的運氣都是一樣的。某些牌局，你就是拿到了大爛牌，不管怎麼做結果都差不多。但是最高明的玩家會隨著時間拉大自己獲勝的機會。既然大家拿到好牌壞牌的機率都一樣，技術好的玩家會順著牌做出較好的決策，漸漸拉高獲勝的機會。「不論做什麼，你必須理智分析運氣到底佔了多少部分，然後就拋諸腦後。」雷默說，「再來你必須自問，我能做的最好決定是什麼，別去想短期內的結果，因為長期來看那無所謂。」雷默的穩定佳績充分證明，即使在詭譎多變的撲克牌局裡，成功也並非偶然。

做生意亦然。

在商場上，每家公司成為品類之王的機率都一樣大。有的公司可能每個決策都是對的，但仍然因為一些不可控制的外部因素而慘敗。我們在九〇年代末，合組「玩更大」之前都經歷過，有時跌得很慘。阿爾的Quokka架構出絕妙的新品類，數位實境運動體驗。但是當時的技術跟網路頻寬條件沒辦法支援他的服務，最後只好關門。克里斯多夫的Scient經歷也相似，公司漸漸成為電子商務的首席顧問公司，但是網路泡沫淹沒了所有客戶。

如果成為品類之王是企業最好的發展，能吃下大部份市場而且把對手送回老家，你為何不竭盡所能增加勝算呢？既然每家公司的機會都是一樣的，你就得下定決心，貫徹一套能戰勝或然率、戰勝對手的策略。的確會有那麼幾家品類之王完全憑著運氣登上寶座，但絕大多數的王者都非偶然。很多公司碰巧有個好的開始，解決了看起來不大的問題，接著在對的時間點爆發出大量的需求。不過它們通常是因為高明的決策和高品質的執行能力才能夠開發並且統治整個新品類。

這是一門新的商業顯學，我們稱之為品類設計。今天品類設計的熱門程度就像八〇年代工程師全部投向產品設計的懷抱，盡可能提升每個產品的成功率。二〇〇〇年開始，企業們又紛紛採納體驗設計——產品設計的升級版，目的是確定產品在硬體、軟體、使用性的綜合表現能提供使用者最佳的使用體驗。體驗設計也是另一種提高企業勝率的辦法。

品類設計需要在同一時間創造好的產品（還有產品體驗）、好的公司，還有好的品類。這是一門既深且廣的學問，會影響公司內每一份子，也會影響整個領導團隊。

過去擔任公司高階時我們都曾經做過品類設計，包括在巨集媒體和水星互動。因為我們的品類思考法，巨集媒體和水星互動最後分別以三十五億和四十五億美元被收購。我們研究分析了身邊所看到——特別是在矽谷的——所有品類王行為。這幾年作為企業顧問和教練，我們也和許多不同領域的公司一起進行品類設計，每次我們的目標都是增加這些公司晉身為市場重要玩家的機會。這本書的目的就是要給你能夠提高獲勝機率的工具。

品類設計的失敗案例：一則警世故事

我們也能告訴你什麼「不是」品類設計。舉個例子，Jawbone做的一切都不是品類設計。在公司成立的前十六年，Jawbone令人驚艷地推出過三項足以創造全新品類的炫酷產品，這不是很多新創公司能辦到的。但是每一次Jawbone都沒辦法開發繼而統治自己創造出的品類，這也不是很多新創公司能辦到的。

幼年的Jawbone和一般矽谷新創公司沒兩樣：史丹佛大學的一名學生，亞歷山大・亞賽立（Alexander Asseily）寫了一篇大四論文，討論能夠無線連接耳機的腕戴式手機。這篇論文後來變成AliphCom公司的創業計畫，日後公司改名為Jawbone。在研究腕戴式產品（這項產品從未順利開發成功）的時候，Jawbone反倒開發出一款可以過濾雜音，但清楚接收使用者音訊的耳機。於是他們拿到美國國防部的訂單，在幾次失敗的嘗試後，一個劃時代的產品誕生了：能隔絕環境噪音並且可連結手機的藍芽耳機。產品取名為Jawbone，推出時美國剛好通過法案規定汽車駕駛開車時不可使用手持耳機。這個故事簡直是品類創造的範本。Jawbone在對的時間提供了產品，解決一個非常明確的問題。隨著Jawbone銷售量一飛沖天，一流的創投公司排隊想投資這家公司，上市似乎也指日可待。但是公司完全沒有牢牢鞏固產品的地位，沒有有系統地開發高品質免持通話這個品類，沒有繼續開發市場對產品的需求，也沒有把握機會大量曝光，告訴大家他們是率先解決此問題的領導品牌。越來越多競爭對手推出類似的產品，消費者覺得Jawbone也就是其中一種無線耳機。這麼說吧，如果二〇〇九年某個消費者想買無線耳機，她可能不會想到自己需要的是Jawbone，比較可能的想法是：我等下去Best Buy比較各家無線耳機的性能跟價格再做決定。一旦消費者這麼想，表示品類王從缺。現在來看，Jawbone有機會同時間發展絕佳的產品、絕佳的企業、絕佳的品類，但它沒這麼做，完全缺乏品類設計。Jawbone的銷售量到了二〇〇九年開始下滑，原本的公開上市計劃也擱置。

這是該公司的第一個品類泡沫。到了二〇一〇年，Jawbone（這時已經改名了）做出了足以定義品類的藍芽音響，Jambox。財富雜誌甚至介紹Jambox為「創造出全新的消費性品類」。但是又一次，Jawbone完全沒做品類設計。於是包括Bose和羅技等公司紛紛快速推出和Jambox性能跟品質相當的產品，市場競爭激烈。到了二〇一五年，Jambox在這個品類只有五%的市佔率。

最後，Jawbone看似胸有成竹的推出名叫UP3的腕帶式健身追蹤器，開發出健身手環品類。這一次，產品的推出時間有所耽擱，另一家公司Fitbit因此趁虛而入，拿走了這個品類。二〇一五年Fitbit成了健身追蹤手環的品類王，在北美洲佔有六八%的市場。Fitbit變成該品類的代名詞；Jawbone耳機、Jamebox音響、UP3健身手環則從未達到如此境界。一間創新能力如此高的公司，照理說應該可以像蘋果或亞馬遜一樣，但它的表現卻不如人意。我們深深以為，雖然Jawbone很認真地推出創新產品，卻搞砸了品類設計。

到底什麼是品類設計？

品類設計絕對不是一九九〇年代開始流行的先發優勢鬼扯。率先發明出產品的確是非常重大的優勢，但如果你沒有進一步定義開發產品品類，有優勢也沒用。Jawbone就是個好例子，類似的故事還有很多。蘋果旗下有數個品類王，但蘋果沒有發明其中任何一件；臉書不是世界上第一個社群網站；世界上第一台電動車不是特斯拉做的。可是這些公司推出了和以前「不一樣」的產品，建立了能吸引消費者，引起消費者慾望的品類。發明產品的公司得到市場的感謝，定義並開發品類的公司則得到市場。

品類設計不僅僅是產品工程。太多矽谷人以為做出好產品就夠了，市場自然會看見並蜂擁而至。這個具傳染性的有毒思想連許多天才都無法倖免。事實上，最好的產品不一定會征服品類；不一樣的產品才會，一流的品類思維才會。最好的產品只會讓你在那些科技論壇上領個獎。

品類設計也不僅僅是行銷。品類設計策略需要動員整間公司：執行長、高階經理、產品設計師、工程師、業務、行銷、公關、外部合作夥伴，還有消費者及使用者。我們常聽到執行長說：「咱們就是把產品生出來然後想辦法賣掉，其他的都不重要。」嗯，只能祝他自求多福了。當你埋首生產品賣產品的當下，有人正在定義你的品類，打算整盤拿走。

品類設計不單是產品定位或品牌建立。筆者們打從心裡尊敬阿爾・賴茲（Al Rites）和傑克・屈特（Jack Trout）在七〇年代的劃時代著作《定位》（*Positioning*）。兩人對定位的重要闡釋絕對是二十世紀末的重要事件。但是到了行動／社群／雲端世紀，模式已經發生變化，定位只是品類設計的一環。至於品牌建立，我們私下稱品牌顧問公司為「刺青工作室」。應該沒有人希望自己一覺醒來臉上多了拳王泰森的刺青，所以請不要讓別人代勞。空有品牌不會成為品類之王，只有品類設計可以。

本書如何完成

合組了玩更大公司後，根據自身的經歷和對品類相關策略的直覺，我們開始有出書的構想。我們都曾擔任公司高階主管，這些公司也曾在某段時間內稱霸品類。之後三個人合作提供企業關於品牌設計的點子，時間越久，我們自己也從中學得更多。

為了檢測想法是否正確，我們開始整理大量資料，才能同時瞭解品類王和發生的時間點。資料來自成立於二〇〇〇到二〇一五年間，超過一千間的上市或未上市科技公司，可以看出這些公司的估價變化和市場表現。這幫助我們辨別出那些定義、開發、稱霸了某個全新品類的公司。我們估計二〇〇〇到二〇一五年間共有三十五個品類王問世，之後陸續又有不少品類王出現。

找出這三十五個公司後，接著是深入研究，希望能找出模式。如此才能用這些目前仍非常活躍的品類王來驗證我們關於品類的理論是否正確。隨著品類王的構成條件越來越清楚，我們另外去注意其他沒有出現在雷達上的品類王，像是老牌公司伯德埃和新創公司Sensity，把這些公司也加入研究範圍。另外我們也研究那些試圖成為品類之王卻失敗，或是失去王者寶座的公司。

我們找出了品類王許多共同的特徵，然後歸納成數個的面向，依此發展出我們的理論。這些面向也就是本書之後各個章節。

你不該繼續看這本書的十個理由：

一、你覺得擁有最佳產品的公司就是贏家。

二、你相信市場上可以容納很多贏家，一人得道雞犬升天，以及其他種種自我取暖的廢話。

三、你覺得夠好就好了。

四、以每小時八十哩的速度衝下坡時，你不敢往前傾身。

五、身為工程師，你認為只有二流產品才需要行銷。

六、你是科班出身的行銷人，相信觸及範圍和頻率就是一切。

七、你相信紅海競爭是最理想的環境。

八、你覺得股票公開上市只是一種金融操作。

九、你覺得你現在不是，也永遠不會進入科技產業。所以這些科技產業的思維與你無關（就跟計程車司機以前想得一樣）。

十、你在SAP上班。

第二章

品類才是最新策略

為何要注重品類

以下是關於行銷學史上幾本重要著作的簡介：

三十五年前，電視正當流行之時，兩位行銷專家出版了《定位》，告訴大家如何在現有市場中讓產品脫穎而出。

一九九一年，微處理器問世帶動個人電腦普及化，另一本書《跨越鴻溝》探討在現有市場推出創新產品時所遇到的行銷挑戰。

一九九七年，正值網路泡沫崩盤的年代，《創新的兩難》提出破壞性創新理論，解釋高度創新產品何以瓦解原來的市場。

時至今日，最有利的轉型力量則是品類：為新的產品打造新的市場，通常（但不總是）來自新創公司。絕佳的標語、絕佳的產品、絕佳的創意，光靠其中單一要素已經無法成功，現在真正關鍵的是開發出新的品類，同時也要打造優秀的公司和產品。

我們還發現，新的品類王策略和大腦科學其實有相關性。怎麼說呢？《定位》、《跨越鴻溝》、《創新的兩難》裡所提到的理論其實依然成立。只不過，同樣的事現在是以超速度在發生。《定位》裡對一九七〇年代的描述頗令人莞爾，「市場上有太多產品，太多公司，太多訊息」。那年代的電視多半只有三個頻道，轉盤式電話掛在牆上，而唯一能稱得上「搜尋引擎」的則是地方圖書館。

到了現在，世界早已起了翻天變化。谷歌成立於一九九八年，大約二〇〇〇年開始流行。臉書出現於二〇〇四年，我們從此有了一個全球通用的社群網絡。二〇〇六年，亞馬遜宣佈推出亞馬遜雲端運算服務，算是創下業界先河。蘋果iPhone二〇〇七年上市。這種種產品跟服務大致定下了整個世代的基調，生活裡充滿了行動設備、社群網路、雲端運算，和遍地的數位資料。從二〇〇〇年開始，敏捷軟件開發（Agile Software Development）理論益發流行，軟體推陳出新的速度越來越快。新型態融資機制包括群眾募資、天使投資網絡，加上新創公司育成計畫的盛行，讓新公司募集所需資金越來越便利，成立新公司的成本也創下史上新低（除了矽谷高到不像話的辦公司租金以外）。一家公司在二〇〇〇年如果需要一百萬美金才能推出第一個可用的產品，到了二〇一五年可能只需要一萬美金。再來，千禧世代，這群新一代的消費者從小在數位化環境長大，也習慣了廉價、行動、能上網的產品和服務。到了二〇二〇年世界上一半的工作人口和消費人口屬於千禧世代。

所以，現在是有史以來開設公司和開發產品最便宜也最便利的時代。這也表示，任何一個大家所熟知的問題市面上大概已經可以找到幾百個解決方案。很多品牌根本不知道怎麼唸，更甭提第二天還能記得。誰有辦法分辨 **Yik Yak** 跟 **itBit**，或者是 **Nuzzel**。這麼多選擇令人根本無從下手。有需求的客戶，無論是企業或者個人，大多被迎面而來的宣傳搞得頭昏腦脹。於是，對人類而言比較簡單明瞭的辦法是從自己想解決的問題出發。也因此，問題本身就成了一個商品品類。最能清楚掌握問題的公司通常就能定義並贏得該品類。換言之，成功的公司不只是賣答案，也要懂得賣問題。

對客戶來說，品類成為一種組織歸納的準則。社會大眾先是瞭解了公司定義出的問題，然後才出現對產品或服務的需求。優步最早是用一個簡單明確的問題來定義品類：計程車服務通常很糟。隨著版圖擴張，它們也架構出一個更大的問題，擴大品類的涵蓋範圍：如何在不買車的情況下來去自如？優步必須讓人們瞭解這個問題現在已經可以用新科技解決了。很多時候，人們沒有意識到問題是可以被解決的。

當群眾瞭解了問題，大家會去找最受歡迎的解決方案。市面上琳琅滿目的產品跟服務，沒有人可以一樣一樣研究比較，所以我們會選擇領導品牌。全球網路、搜尋引擎和社群媒體讓每個人輕易找到最流行的方案，一擁而上。可以說只要問題（也就是品類）一被社會了解，群眾就會找到最受歡迎的方案。特別是數位產品跟服務，完全沒有選擇第二甚至第三名的理由。你想要最好的產品就可以得到最好的產品，而且是立刻。最多人選擇的品牌拿下幾乎整個市場；第二名拿到的殘餘價值勉強可以存活；剩下的大概只能分到殘渣。

關於品類和消費者如何做出購買判斷的理論其實已經存在一段時間。甚至早在七〇年代賴茲和屈特就寫過「面對複雜的選擇，人們開始學會簡化」，還有「將他人、物件、品牌排出優劣順序不僅是方便有效的組織辦法，也是避免自己被複雜生活壓得喘不過氣的必要手段。」（很神奇吧？七〇年代的人感到喘不過氣！假如有個六〇年代的人穿越到二〇一〇年，光是去好市多走一圈或是上網瀏覽蘋果商店可能整個腦子都要燒壞了。）即使是在那個年代，賴茲和屈特也提到行銷人已經知道稱霸品類才是唯一王道，「歷史證明，消費者第一個想到的品牌長期市佔率通常是第二名品牌的兩倍，第三名的四倍。」「而且這數字很難起變化。」

今天和以前不同的是這種情況的明顯度和市佔率差異。一九七〇年代新產品或新品類出現的速度比現在慢很多，因為進入障礙高。當時的新產品一定是實體產品（沒有數位這件事），需要製造並且配銷。要打響品牌就得花錢購買昂貴的電視或出版品廣告。現在，要開發像是Slack和Snapchat這樣的軟體只需要幾個人窩在某個人的地下室裡，軟體完成後一個按鍵就把成果放上雲端，全球可見。只要消費者喜歡，產品很快在社群網站上爆紅，完全不需要花個三千萬美金買超級盃廣告時段。賴茲和屈特所說的複雜生活則更是複雜到無以復加，所以品類化的威力也更加強大。很少有人有充分的時間和腦力一一深入分析每個購買決定，在這個選擇充斥的時代，人們反而想辦法減少自己的選擇。「越來越多的貨品和服務並不見得給了消費者更多的選擇自由。」貝瑞．史瓦茲（Barry Schwartz）在《選擇的弔詭》（*Paradox of Choixe*）裡這麼說。的確，把時間跟精力花在做選擇上反而削去了我們做其他事情的自由。

科學家對大腦和認知偏差的研究也證實了品類可以是人類分析歸納的準則，諾貝爾獎得主丹尼爾．康納曼（Daniel Kahneman）在著作《快思慢想》（*Thinking, Fast and Slow*）中提過，其他若干大腦學者也有類似結論。人類的大腦存在超過五十五個不同的認知偏差協助形成非邏輯性的決定，因為主要憑藉的是直覺，所以和事實與邏輯經常有落差。這是因為人類大腦在走捷徑，讓做決定更快更容易，特別是在資訊爆炸的情況下。

其中一種認知偏差稱為錨定效應，表示我們最早接收到的第一筆資訊通常會影響我們對後面資訊的處理。例如，談判桌上的第一個提案一般比後面其他的提案更有影響力。在品類的世界，最早解決問題的公司會在消費者心中佔有重要地位。其他後到的公司都會被拿來和前者做比較。另外一個認知偏差是支持選擇偏差，人類傾向美化自己所做的選擇，只因為我們已經選了。這表示一旦你用了某項新品類產品或服務，即使後面出現稍佳的產品，你還是覺得你手上的果然是最好的選擇。這也解釋了為何即使其他公司推出確實比較好的產品，品類王依然屹立不搖。一旦人們選擇了王者，就始終相信王者絕對比其他人好，不管是不是真的。所以擁有較佳技術的公司仍然可能輸掉品類之戰；品類王位置抵定，消費者也認同後，其他都不重要了。

品類之王的概念也和人類的從眾心態有關。團體盲思偏差講的是個人傾向相信其他人相信的事。大腦研究顯示當我們的看法和團體中其他人不一樣時，大腦會發出錯誤警示，警告我們自己可能是錯的。就品類學而言，團體盲思偏差加速了品類之王的誕生，消費者選擇品類王只因為這是其他許多人的選擇。對有些人來說，做出重大購買決定的壓力大到無法承受。明尼蘇達大學的弗拉達斯．葛利斯克夫西斯（Vladas Griskevicius）研究後發現，當人感覺生命受到威脅，會在群體當中尋找安全感。「處於人群中讓我們感覺沒那麼脆弱，比較不會受攻擊，因為我們是躲在一群人裡。群體是我們的天堂，是避難所。」所以，打算買iPad的人看到其他已經買了iPad的人會對自己的決定感到安全。這種融入群體的渴望是人類獨有，而且從兩歲就展現了。「順從是人類基本的社會性特徵之一。」丹尼爾・宏恩（Daniel Haun）說，他是德國馬克斯普朗克進化人類學研究所的心理科學家。研究結果表示為了融入，人類願意也確實會改變自己的想法。從那些為了合群而改變主意的人的腦部MRI掃描可以看出，當想法改變時大腦中兩個重要的獎勵區塊出現反應。原來我們選擇購買品類王是因為大腦覺得這樣既安全又開心。

品類學成立因為這是人腦的運作機制。更重要地，在過度刺激瘋狂的市場中，這是人腦選擇採用的思考模式，而市場只會變得越來越瘋狂。

透過公開上市公司的市值資料，我們更進一步找出品類策略和大腦科學的相關性。

我們分析了二〇〇〇年到二〇一五年間所有公開上市的科技公司的總市值，結果令人震撼。我們找到了不變的「甜蜜點」時期。資料顯示一間公司最適合進行公開上市的時間是創立後的六到十年間。甲骨文、思科、高通、谷歌、VMWare和紅帽都是在這個甜蜜點時期首次公開上市的品類王之一。大部份在這段時期內上市的公司都是我們所認為的品類王。

另外一個結論是，公司在成立後第幾年公開上市對於上市後所創價值的影響，甚至比公司未上市前獲得多少投資金額還大。千真萬確！公司上市前所募得的金額和上市後能創造多少價值一點關係也沒有。對我們的研究唯一有影響的數字就是公司上市的年齡。怎麼一回事?!

當我們看到保羅・傑羅斯基（Paul Geroski）的研究後，一切謎底都解開了。傑羅斯基是《新市場的演化》一書作者，他的研究解釋一個新市場——也就是新品類——的各個演化階段。在市場最早期階段，公司（他稱為提供者）的數量扶搖直上，這個階段新的品類才剛定義完成，每個進入市場的玩家都搶著要解決問題。到了中間階段，公司數量下降，因為王者已經出現，漸漸淘汰競爭對手（品類王市佔率越來越高）。最後的階段裡，公司數量來到最低點，因為品類王已經掌握整個市場。我們在他的啟發之下製作出品類生命週期模型（圖表一）。

如同傑羅斯基所言，在第一階段整

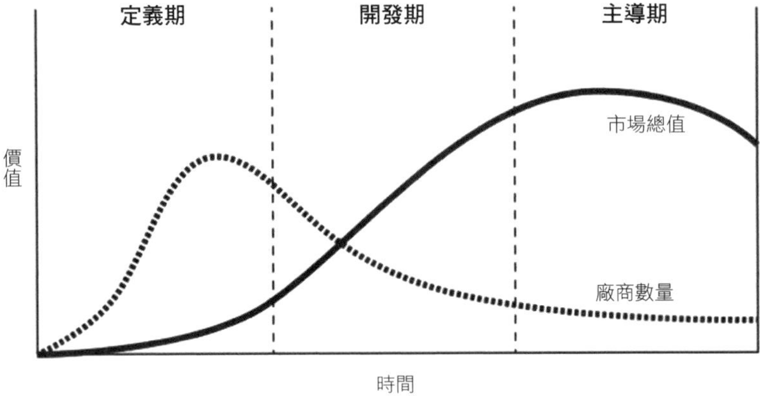

引自：傑羅斯基《新市場的演化》，牛津大學出版社，二〇〇九年

圖表一：品類生命週期模型顯現出市場的演進。隨著市場發展，整個市場的價值逐漸攀升但是公司數量卻逐漸下降。品類王多半是在兩條線相交之時確保了自己的王者地位。

個市場的價值緩慢攀升，品類逐漸站穩腳跟；到了第二階段品類開發成長於是市場價值一飛沖天；最後的主導期階段市場價值將達到最高峰，然後漸漸走下坡，因為品類已臻成熟。

在品類生命週期模型的中段，公司數量和品類總市值兩條線交會。這個點代表品類已經茁壯、品類王浮出水面、社會大眾瞭解問題和解決方案，並且投資人開始挹注資金到品類跟品類王上。這是品類的爆發點。

先回到我們的甜蜜點研究。把甜蜜點研究的結論搭上品類生命週期模型表，可以看到甜蜜點正是落在傑羅斯基這兩條線交會點的附近。這似乎代表著最適合新創公司的首次上市時間點，和品類大爆發的時機不謀而合。網路出現後，品類爆發的時間始終落在第一間公司出現後的六到十年間，我們稱為六十法則。（網路出現前，品類需要比較長的時間醞釀發展。一九八六年，微軟在自己的甜蜜點上市，當時公司已經十一歲了。）

為了找出為何品類總是在差不多的時間點達到爆發點，我們幾乎把腦袋都想破了。

最後，我們還是回到了腦科學和認知偏差上。要人類改變想法，進而改變購買行為，通常需要一定的時間。我們的大腦接受新問題和新解決辦法的速度只能這麼快。如果問題的規模較小，需要的時間自然較短。所以，青少年發現 Snapchat 然後決定用來傳一堆小屁孩照片給朋友的時間，絕對比一間企業的資訊長發現 Salesforce.com 然後決定導入公司的作業流程來得短很多。這也是我們看到甜蜜期約在六到十年不等的原因。單純的消費性品類邁入甜蜜點所需的時間比較短；複雜的企業性品類邁入甜蜜點所需的時間較長。但絕對重點是：定義品類、開發品類，進而改變我們對問題對答案的看法，永遠都需要一段時間，長達數年的時間。

這對執行長、創辦人，或者任何品類創造人來說究竟代表什麼？你們的首要任務是改變人們想法。你的產品、公司文化、行銷等等，一切都必須一致地感化潛在客戶的思維邏輯。一旦成功

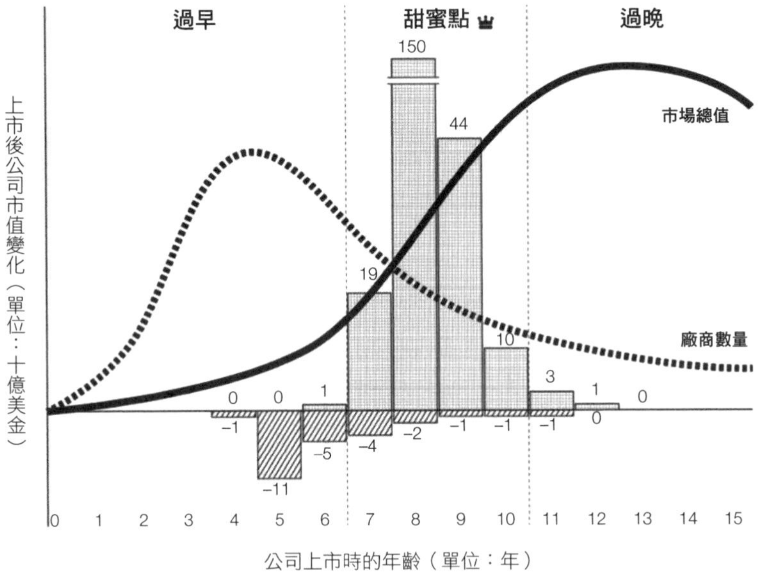

圖表二：六十法則。將我們的研究配上分析自二〇〇〇年以來公司上市的時間點和公司上市以後所創造的價值。可以看出在成立後六到十年間上市的公司創造了最高的上市後價值，這也差不多是這些公司登上品類王的時間點。

改變所思所想，購買行為自然跟著改變。而且，如果你的公司能夠改變人們的想法，自然會被視為品類之王，大部份消費者會投向你的懷抱。

所以品類才是最新的公司策略。

結論：品類策略

比爾．蓋茲經營微軟時，他聰明地創造出為數龐大的品類，最為人知的就是電腦作業系統和辦公室系列軟體。但是蓋茲沒辦法跨越自己過去的品類成就——微軟視窗。他是這麼地愛著他的視窗系統。古諺有云，一旦手上拿著榔頭就以為每個東西都是釘子。視窗系統就是蓋茲的榔頭，所以每個看起來類似的問題都應該用視窗來解決。

二〇〇二年，蓋茲介紹了微軟新產品，稱其為「平板個人電腦」。當時已經有許多公司嘗試推出平板類型的電腦，通常的設定是使用者可以用觸控筆在上面書寫，像是在會議中筆記一般。事實上，從八〇年代晚期到九〇年代早期這幾年，投資人和工程師們對於「筆觸式電腦」的瘋狂程度不亞於參加一世代演唱會的少女。他們堅信這就是下一代的明星產品。兩間觸控筆公司 GriDPad 和 Eo 贏得萬眾矚目。但是它們的產品都售價過高，不符合應有的水準。沒有人知道自己到底是在解決什麼問題。沒多久，這些早期平板電腦銷聲匿跡了。

但是蓋茲對平板式電腦很有信心，仍然責成微軟工程師開發出產品。他非常看好這項產品，甚至在發表的時候說：「我預計五年之內這會成為美國最受歡迎的電腦產品。」

然而，這台「平板個人電腦」裝的是微軟視窗作業系統，就是桌上型跟筆記型電腦用的同一套系統。甚至連產品名稱都可以瞧出失敗原因：這不是一個定義新品類的產品，只是把個人電腦改成另一種形式，可惜新形式並不適合用來做人們本來在桌電和筆電上做的事。該產品發表十年後，《電腦世界》雜誌寫道：「微軟並沒有設身處地去想消費者希望用平板電腦做什麼，然後根據答案來設計硬體，它只是硬把視窗XP版本放進平板。視窗XP是套很棒的桌上型電腦作業系統，卻是平板電腦的致命毒藥。」五年之內，「平板個人電腦」不但沒有橫掃美國各大電腦零售店，反而黯然下市。因為它沒有創造出一個新品類。

蓋茲宣言發生的八年後，蘋果執行長賈伯斯站上舞台，做了他其中一次充滿個人魅力的著名產品發表會。整個會場燈光轉暗，賈伯斯在螢幕上投影出一隻iPhone和一台蘋果筆電的圖片，中間放一個問號。「這兩項產品中間還有能夠容納第三個品類的空間嗎？」賈伯斯問觀眾。他對過去嘗試填補空隙的產品嗤之以鼻，說那些只不過是不良筆電。但是，他說，我們生活中的確需要這樣一個產品，「使用起來遠比筆電舒服，效能又遠勝於智慧型手機。」就這樣，他拿出了第一台iPad。然後，賈伯斯說出了通關密語，證明蘋果確實以嶄新的眼光來設計這個新產品。「iPad創造並且定義出新的品類，超乎使用者想像，更舒適、更簡單、更好玩地使用應用程式和內容的設備。」

iPad不是一台筆電，也不是手機。它解決行動─社群─雲端時代出現的一個新問題：大家需要一台可以隨身攜帶，拿來看影片、購物、瀏覽雜誌、上臉書的設備。效能不必像筆記型電腦一樣強大，但絕對要有比智慧型手機大的螢幕。賈伯斯找出新的問題，開發出全新的產品來解決問題。他介紹iPad的同時，不僅讓觀眾看到了過去從來沒想到的問題，也代表蘋果有史上最好的產品可以解決。賈伯斯有意識地、持續地、有策略地創造一個新品類，從第一天起就將iPad塑造為全品類最佳明星產品。產品本身不是蘋果的策略，銷售更多的蘋果軟體不是蘋果的策略，創造品類才是蘋果的策略。

想當然爾，蘋果的策略奏效。第一年內蘋果就賣了一千五百萬台iPad，營收超過一百億美金。很快地，市場上出現越來越多類似的平板電腦，競爭者來自全球，包括三星、樂金，甚至微軟。只不過毫無意外地，這些競爭者幾乎沒有瓜分到品類王的市場大餅。

品類策略並不專屬於科技公司。曼諾伊．巴爾加瓦（Manoj Bhargava）出生印度，十四歲時搬到美國。大一時從普林斯頓大學退學，回印度當了十二年的和尚後回到美國，開了間塑膠公司。二〇〇〇年初期，他在加州安那翰的一場天然產品貿易展覽會閒逛時，發現某攤位銷售一種五百毫升裝，能提神數小時但超級難喝的飲料。「接下來的六到七個小時我整個人活力充沛。」行蹤隱密的巴爾加瓦告訴富比世雜誌，「我心想，天啊，這太棒了。我可以賣這玩意兒。」但是他知道這款飲料之所以沒有大受歡迎的原因：五百毫升包裝的飲料還包括例如可口可樂或星巴克星冰樂等。因為提神飲料一般味道糟糕，大部份人只當作是添加一大堆咖啡因的難喝飲料。「我就想，難道我疲勞的時候一定會口渴嗎？」巴爾加瓦說，「多少人會既頭痛又胃痛呢？太荒謬了。」

巴爾加瓦看見容納新品類的空間：能量一口飲。一種未曾存在，沒有競爭對手的獨特商品，就放在結帳櫃台旁。六個月內他推出一款小包裝六十毫升的濃縮咖啡因和維他命B飲品。名稱讓人一目瞭然：五小時能量飲。此產品之所以成功是因為它用新方法解決一個明確的問題。一直以來的問題是：消費者在疲累的時候還是必須打起精神唸書、工作，或開車；新方法是：想獲得五小時的能量只需要喝一小口，不必灌下整瓶難喝的東西。在白熱化的飲料和咖啡因飲品市場，巴爾加瓦創造、開發、主導了一個全新品類。到了二〇一一年，五小時能量飲營業額已經破十億美金，佔了九〇%的能量一口飲市場。巴爾加瓦成了億萬富翁，並拿出九〇%的收入做慈善。和蘋果的 iPad 一樣，巴爾加瓦的策略是品類。他預見了這個品類，找出生產辦法，宣傳問題，然後創造了能解決問題的產品和公司。

很多創投家喜歡說：「我們投資好團隊。」但好團隊沒有好品類也是無用武之地。好團隊搭配糟糕的品類或是現有品類的二線地位也是很難獲勝。可是如果一個中等團隊碰上絕佳品類，團隊也能閃閃發光。產品也不需要鬼斧神工，只要能夠滿足品類的需求即可。

當對的產品跟對的公司進入一個有力的品類，品類自然會讓消費者看到產品或服務。我們不斷地在明星新創公司上看到相同的故事，從二〇〇〇年初期的臉書到二〇一〇年中期的Slack。一旦品類的問題定義完整，市場自然出現需求，潛在客戶會一窩蜂地選擇最流行的商品。一套完整的品類策略中，公司設計品類，宣導問題，提供問題的解決方案，**然後品類反過來擁立公司為王**。消費者自己選擇的品類王，才擁有最大權勢；市場不承認卻自封為品類王，只不過是虛有其表的暴君，一出現衰退跡象馬上不堪一擊。

這就是為何選擇品類策略的公司必須在差不多的時間點內設計好的產品、好的企業，還有好的品類。三位一體，用意是要發揮綜效，改變人們的思考模式。我們用三角形來形容這套策略，每一邊都同樣重要。（其實我們更喜歡想成吧台高腳椅的三隻腳，三腳健全才可以牢牢坐著享受啤酒。但，三角形畫起來簡單的多。）品類策略看起來如下頁圖表三。

產品設計意指為了解決市場上需要被解決的問題，專門打造出一項產品或服務。目標是要達到傳統上所說的「產品市場契合」（PMF, product/market fit），也可以說是「產品品類契合」。在科技新創公司的世界，大多數公司是先有產品，通常是幾個宅男窩在車庫裡做出來的。

企業設計意指有意識地建立商業模式和組織，並且讓組織的文化與立場與品類相稱。目標是好的「企業品類契合」。

品類設計意指小心地創造開發一個新的市場品類，品類設計得當自然會吸引消費者購買，進而讓公司成為品類王。照行銷的說法，這是「空中戰爭」。重點是贏得主流民意，教育世界要除舊佈新。品類設計除了能建立起市場空間，還能把消費者的注意力轉移到公司上。下一章我們將

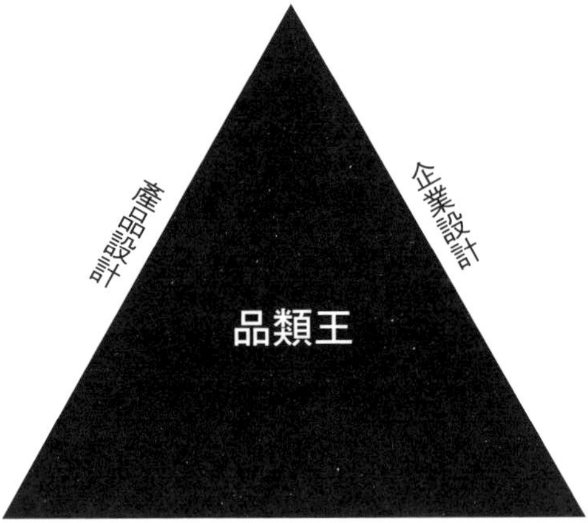

圖表三：品類策略黃金三角：要讓成為品類王的機會極大化，公司應該同時間進行產品設計、企業設計，跟品類設計。

深入討論品類設計。

企業設計、產品設計、品類設計，這三大要素相輔相成而且互相平衡，帶給企業邁向成功、創造價值的力量。老牌的傳奇公司一定同時耕耘企業設計、產品設計、品類設計三要素，才能彼此反饋，交織出迸發飛輪效應的能量。我們會在第八章詳細討論飛輪效應。

黃金三角可能看起來是針對新創公司，但後者不是唯一能運用這套策略的族群。已經出現飛輪效應的老牌公司也能一再地創造、拓展新品類。後面將提到，亞馬遜網站一直嫻熟於在創造品類的同時也創造新產品，並一邊針對品類策略來調整公司。Kindle電子書和亞馬遜雲端運算服務都是這樣。康寧也已經使用這套策略一百六十五年之久，即使是現在每次推出創新玻璃產品時仍然如此操作。電腦歷史上最偉大的品類創造之一來自ＩＢＭ於一九六四年時發表system/360電腦，當時ＩＢＭ已經五十歲了。

黃金三角也適用於小範疇。每個大企業裡的部門本質上都是在創造某項產品或服務，去思考部門所屬品類還有部門跟所提供的服務應該如何配合，都對部門業務有幫助。最成功的人士能夠同時間內找出某個品類、自己的本事（品類需求的範圍內自己所能提供的獨特事物）和個人化的風格及觀點（我是誰，我如何思考）。拳王阿里創造出前所未有的表演拳擊手這個品類，而且正好搭上電視機普及的風潮。該品類呈現出他能做什麼，他如何思考拳擊這件事；之後他整個事業生涯都是品類王，後起之秀完全無法與之匹敵。哈利波特作者羅琳也一樣，開發了針對年輕族群的深度小說，她也自然成了品類王。坐辦公桌的白領階級一樣也可以使用品類策略邏輯來幫助事業，設法找出專屬於自己的舞台，讓自己成為箇中翹楚。

谷歌的品類之路

很少有公司在成立的第一天就把品類黃金三角的三要素都規劃妥當。有些公司是先有一隻同甘共苦的團隊，從企業設計出發。有些公司始於創業家的靈機一動，從產品設計出發。又有些公司先預見了新的品類遠景，像是五小時能量飲的巴爾加瓦，於是得針對品類需求來設計產品跟企業。但是，成功的公司很快會走出一開始的格局，採取品類思考，擁抱黃金三角三要素。不管如何起頭，這些公司很快地在同時間邁入產品設計、企業設計、品類設計。

基於此，我們想用一個你或許從來沒用過的切入點來分享谷歌的故事。二〇〇〇年谷歌問市時，很多人覺得它只不過是比較好用的搜尋引擎。甚至連谷歌自己都相信了那套老掉牙的工程師大夢，套句電影「夢幻成真」裡說的，「只要蓋好了，自然會有人來」。只要產品夠好，人們自然會看見。這個邏輯並無法解釋為何在數個頗受歡迎的搜尋引擎已經存在的情況下，谷歌仍然成為世界主宰。如果它只是一個現有品類裡的較好產品，為何會成為品類王呢？

谷歌的成功其實還可以用另一個更發人深省的角度來看。

在谷歌之前，搜尋引擎如雨後春筍般出現：Alta Vista、Lycos、Infoseek、Ask Jeeves、AllTheWeb等等族繁不及備載。這些產品當下顯得很不錯，因為以前完全沒有搜尋引擎這個東西。但是沒有一家搜尋引擎公司真正賺到錢，唯一的收費辦法就是廣告看板，效果總是不佳。因此也沒有公司真的脫穎而出，領導市場。他們的產品也都大同小異：搜尋軟體爬梳網頁上的每一個字，找出使用者所輸入的相符字彙。這表示，使用者可能會得到一堆風馬牛不相及的搜尋結果，只因為他打的字出現在某些文件裡。關鍵字搜尋也表示一旦網路世界成長越大，引擎的處理速度也越慢，因為軟體必須一頁頁的瀏覽。

九〇年代末期，賴瑞·佩吉（Larry Page）和謝爾蓋·布林（Sergey Brin）在史丹佛大學的宿舍裡想出了「不一樣」的點子，技術面的不一樣。他們發現他們可以用早期全球資訊網網頁之間彼此的連結來排序網站和網站，計算連結數的方法和計算選票類似。連結到某個網頁的數量越高，表示該網頁的造訪價值越高。這個方法容易把質量高的網頁放到前面，而且網路內容量增加反而讓搜尋結果表現更佳，因為累積的連結數和搜尋數更多。網頁越多票數越多，票數越多的結果不僅僅是「較好」，谷歌的搜尋結果簡直是神準，完全能夠切中使用者的搜尋重點。置身於搜尋引擎和電腦網頁界的工作人士不會想到谷歌這樣的創新。「整個業界只知道矇著頭做事，」貝爾實驗室的電腦科學家阿密特・辛哈（Amit Singhal）曾說：「搜尋界的確是需要兩個沒有受過正規訓練的人才能出現這樣的大翻盤。」

所以，谷歌不只是另一個搜尋引擎。谷歌創造了新的搜尋品類，從無政府狀態裡得到了權力。從一開始谷歌就是不一樣的產品，不只是「比較好」。使用者想要得到從浩瀚網海裡找到正確資訊，谷歌解決了這個問題；它重新定義了搜尋，甚至成了一個新的動詞：「谷歌」。一旦群眾發現谷歌解決了這個自己都沒發現的問題（記得，當時我們覺得Alta Vista已經很不錯了），新品類自然把消費者推向谷歌。既使創業早期沒有任何行銷或宣傳，消費者還是以驚人地速度自動投向谷歌懷抱。谷歌甚至不知道自己已經創造了新品類。

然而，萬一谷歌就此打住？萬一它真把自己定位為一個比較好的搜尋引擎？谷歌永遠不會成為目前的巨人。它只會是一個絕佳的產品，可能微軟會出錢買下技術，免去日後Bing的慘劇。還好，佩吉和布林很快就想出新的搜尋廣告模式AdWords，讓新的搜尋模式順利產生營收。這是史上第一遭，廣告可以符合搜尋字彙，然後廣告主可以依照廣告表現收費，而不再只是意義不明的廣告瀏覽眼球數。在這套革命性的廣告方案裡，谷歌重新設定了廣告主購買廣告的形式：競標，自動拍賣，依照搜尋字彙。谷歌神乎其技地改變了廣告的商業模式，而且自家強而有力的搜尋產品還有一項特技：每次你在谷歌上搜尋，它就多瞭解了你一些。這可是很多廣告主從來拿不到的資訊。到了這個時候，佩吉和布林貨真價實地創造出了一個革命性品類：一杯調和了個人資訊服務和廣告的雞尾酒，然後向廣告主宣傳。

這項新發明如此強大，錢開始從四面八方流向谷歌。後者用這些現金擴張企業規模，也擴張品類範疇；他們開發了更多可以提供給廣告主的顧客即時資訊服務。谷歌地圖會透露使用者的所在地，谷歌電郵可以看出使用者寫了什麼，谷歌日曆呈現了使用者的行事曆，谷歌文件可以大概看出使用者在忙些什麼。谷歌還買了YouTube，於是能知道使用者觀賞了什麼，它又買下了安卓作業系統好把整套搜尋廣告操作移植到行動世界。谷歌從一項「不同的」搜尋產品起家，將「搜尋」再定義成龐大、截然不同的品類，然後搭配上能帶來營收的新廣告品類。雖然我們不確定谷歌是否真的是如此規劃，但這無庸置疑是絕妙的品類策略，這正是後面章節將細細討論的策略類型。結果，谷歌轉化了人類獲得資訊、消費資訊的方法，再造了廣告業，提供了超過五萬五千個優質工作機會，還建立了合作夥伴的生態系統，這些公司全都因為谷歌而存在。

到了二〇〇〇年代中期，谷歌在搜尋品類的競爭對手不是消失就是另覓出路。二〇一五年中，根據網路分析公司StatCounter分析，谷歌搜尋的市占率為七四．八％，Bing為一二．

四%，再來是雅虎（該公司於二〇〇三年推出自有搜尋引擎）的一〇・九%。一切指標都說明谷歌是前所未見的強大品類王。無論谷歌是否意識到自己做了什麼，它的確完美兼顧了品類金三角。大家都說谷歌獲勝是因為開發出比較優秀的搜尋引擎，但其實谷歌的勝利是因為它同時設計了新品類，並且重新設計出和該品類契合的企業。

所以不管你的公司是從金三角的哪一邊出發，最終都必須認真面對品類設計。沒有好品類，光是好產品跟好公司也是徒然。將品類設計拱手讓給對手的公司多半失敗，因為白白浪費了成為品類王的機會。我們現在已經清楚看到，品類王拿走了絕大部份的市場大餅，不管是市佔率、股票價值，還是獲利，剩下的玩家只能在後面撿餅乾屑。

品類自動加冕王者

我們幾位都很欣賞VMWare的執行長戴安・葛林（Diane Greene），覺得她很出色。有次和她聊到VMWare草創時期才發現，原來當時VMWare完全不知道自己即將創造出一個強大的品類。

VMWare的產品一開始是黛安的丈夫，曼德・羅森布魯（Mendel Rosenblum）的研究計畫；他是史丹佛大學的資訊科學教授。當時的電腦只能跑一套作業系統，例如微軟視窗。羅森布魯開發出能夠分割電腦的軟體，於是可以同時跑兩套作業系統。第二套作業系統其實有點像是在第一套系統裡運行的一台虛擬電腦，所以葛林和羅森布魯把產品稱為「虛擬化軟體」。起初，產品的目標是專業研究人員，他們有時需要在電腦控制的安全隔離環境下嘗試實驗性軟體，以免這些軟體不小心把整台電腦都毀了。「我們最早的客戶全都是物理和化學教授，」葛林告訴我們，「那時候內部戲稱，不是每個人都能成為VMWare的客戶，你必須聰明絕頂。」

當然，葛林和羅森布魯沒有那麼天真。他們知道這是一套截然不同的產品，可以在很多地方派上用場，例如想要安全測試軟體的企業。於是一九九八年他們開設公司，由葛林擔任執行長，把「virtual machine software」縮短成VMWare，因為幾乎公司裡每個人都受不了原來的名字。很多創投家因為不瞭解市場而不願意投錢，其實也可以說是因為連葛林都還不瞭解市場。「我們不覺得這會是個數十億美金的產業，」她說，「我們只講『這個東西真的很必要』。」

VMWare的創辦人從金三角的產品設計出發。他們知道研究人員大概會意識到自己需要虛擬化軟體。當VMWare已經準備要推出第一版產品時，葛林還在試圖理解這個品類。她決定不走傳統銷售管道，而是把軟體放在公司網站上讓大家免費試用三十天。那是一個星期天下午。

「我們當時購買的網站頻寬有限，」葛林回憶著，「所以當我們星期一早上六點進公司時，看到某個康乃爾大學的小子寄了好幾封電子郵件。『VMWare，你的網站當了，頻寬不夠。我把軟體寄存到康乃爾大學的主機，然後我會記錄每一名使用者的資料分享給妳。』」葛林和她的團隊後來一看，共有七萬五千名使用者下載了產品。

這時葛林終於明白VMWare已經創造了一個新品類：虛擬主機軟體，潛力無窮的品類。她開始展開品類設計計畫，向媒體說明這項新產品的功能以及為什麼它可以替企業省下可觀的成本。她理解到VMWare可以解決的問題規模很大，像是許多效能閒置的公司電腦，於是開始大肆宣傳產品。第二個高招：「當下我們就策劃了豐富的訓練課程。這不僅是塑造品類的技巧，也能建立起使用者和追隨者的生態系統。」接下來幾年內，葛林做了很多對的事來設計並開發品類，確保VMWare是貨真價實的品類王。但這個故事的重點是，品類很快地自動擁立VMWare為王。品類從誕生之初就對VMWare設計出能夠解決問題的產品和公司心懷感激，於是自動擁戴VMWare，送上皇冠。品類獲得定義，進而迅速擴展，然後王者誕生。對了，VMWare是在公司成立九年之際進行首次公開發行，符合我們的六十法則。

這則故事的意義是，每個品類都需要一個品類王。接近獨佔市場的狀態對新品類的發展是有幫助的。當大家還不太知道品類該怎麼發展或成為何種商品時，一個能挺身而出並提供明確選項的品類王便顯得異常重要。少了品類王，品類將停滯不前。資本社會裡大家總是相信完全競爭能帶來社會最大利益：競爭越激烈，企業變得更有效率更會創新，於是能提供價格更低並且更酷的產品或服務。但這通常只適用於成熟的市場，那些存在已久的品類。冷凍食品品類曾經需要伯德埃的開發推廣，發展成熟後，問題已經被充分定義並獲得解決。這個品類不再依賴有遠見的領導者存活，只需要每間廠商在價格和品質上不斷一點一滴的進步。換個角度想，如果這百年來伯德埃仍然獨佔冷凍食品產業，我們可能必須付更多錢來購買品質沒那麼好的產品。日子一久，獨佔企業逐漸變得懶散且貪心；但是在品類成長時期，強大的王者才能領導局勢。

最後，如我們先前所提，新科技的確讓創造品類的速度越來越快。速度永遠是競爭的一大重點，特別在科技產業。創業家、執行長、創投公司等幾十年來非常服膺強調速度的策略，像是「先發優勢」。但是在行動─社群─雲端時代，採取品類思維已經是刻不容緩。我們相信這股趨勢不論景氣好壞都不會改變。過去已經是如此，我們分析新創公司資料的時間點包括科技業的低潮（二〇〇〇年到二〇〇一年網路泡沫破滅之後，還有二〇〇八到二〇〇九年金融危機），也涵蓋了好年頭（二〇〇四到二〇〇七年）。無論景氣好壞，新品類出現的速度都越來越快。

這對創業家、執行長、高階主管、投資人，還有其他行動家來說代表什麼？別再浪費時間了！用最快的速度讀完這本書，趕快開始你的品類行動。

第三章

品類設計守則

歷史上偉大的品類設計

西元三七年到西元六七年：使徒保羅跋涉越過當時的文明世界。他依據耶穌基督所提倡的愛與寬恕，調整市場狀態並且設計出新的宗教品類。

西元一七七六年：位於美洲的英國叛軍簽下獨立宣言，根據民主與平等設計出新的國家品類。

西元一八四八年：卡爾．馬克斯（Karl Marx）和佛德里希．恩格斯（Friedrich Engels）發表《共產宣言》。這份宣言後來被佛拉底米爾．列寧（Vladimir Lenin）用來設計一個新（並且有瑕疵）的，由無產階級和貧民領導的國家品類。

西元一九一二年：出生於夏威夷的杜克．卡哈納．莫庫開始環遊世界表演衝浪，設計出新的運動品類。六十年後這項運動讓阿爾順利在澳洲把到妹。

西元一九六四年：「遇見披頭四」專輯替英式流行搖滾開拓了市場，也創造了一個曾紅極一時，現在則風光不再的品類。

西元一九九九年：Salesforce的「拒絕軟體」宣傳活動啟發了市場對新的雲端應用服務的興趣。藉由這個活動，執行長班尼歐夫成功展示了現代品類設計的範例。

品類設計究竟是啥？

我們把目光移回這本書上：品類設計能夠解決什麼問題？

問題的重點是，只有極少數人擁有史帝夫．賈伯斯一樣的天才直覺。太多擁有好產品的好公司在商場上沒沒無聞，因為他們找不到在宇宙裡的一個立足點。太多公司選擇在暴風雨中豎起鐵桿然後祈禱自己能被雷打中。創業家是因為腦中的一抹靈光而踏上解決問題的旅程，品類設計家則是負責第二階段，讓市場和創業家一樣看見那抹靈光，進而產生新的需求。除非你有像是賈伯斯，或是班尼歐夫及貝佐斯等超級品類設計師一樣的稀有天賦，否則要在瞬息萬變、高度連結的年代成功的機率非常渺茫。對每一位聰明有抱負的人來說，品類設計提供一套系統化的方法能提高成為品類王的機會，也是能玩更大的機會。

品類設計加上企業設計跟產品設計則可以改變人們的思維，進而改變他們的購買行為。

我們幾位都算媳婦熬成婆，過去在業界時我們深深體會沒有品類設計是怎麼一回事：所有團隊的努力都缺乏一份意義，也缺乏方向，於是完全無法激起漣漪。也許這正是你企業的現況；也許行銷長推出的品牌策略看起來像是會讓人事後追悔的醜刺青，也許銷售團隊需要更多銷售案例因為搞不清楚該怎麼賣，又也許工程師一股腦把所有客戶要求的功能全放上了產品，這通常很糟糕，因為簡直是把品類設計交到客戶手裡。（正如亨利．福特可能曾經說過的名言：「如果我只是問人們想要什麼，他們只會說一匹跑得更快的馬。」）當你花大把銀子雇用麥肯錫做分析報告或者是投資銀行向你建議一些風馬牛不相及的併購標的時，你知道公司缺乏品類設計。當加納魔法象限報告（Gartner Magic Quanrant）出爐卻找不到你的公司，或當某前五百大公司寄給你其實是由競爭對手所起草的詢價書時，你知道公司缺乏品類設計。當很多優秀人才替你工作，投入很長的時間賣力上班卻似乎沒什麼效時，你知道公司缺乏品類設計。我們過去都曾經體會過上述某種情況，甚至是所有的情況。簡單的說，那感覺糟糕透了。

從一開始我們的事業就是不斷地去了解品類王的思維和品類設計，現在我們認為該是建立一套稱之為「品類設計理論」的時候了。過去二十年，不管是個人或者和他人一起，我們試著解決品類設計的問題；實踐品類創造的過程，搜集優秀品類設計家的案例，並且為了瞭解新品類出現的條件，分析自二〇〇〇年以來所有科技公司的資料。我們也明白在有需求時創造新理論的重要性，因為之前已經做過。

新守則誕生的契機如下：

二〇〇〇年代早期，我們三人和巨集媒體公司（Macromedia）的領導團隊一起共事。該公司最出名的產品是網路圖像處理的Flash軟體。巨集媒體的執行長是鮑伯·伯傑斯（Bob Burgess），當時他看著公司五花八門雜亂紛陳的產品，然後跟我們說：「我手邊有一堆產品。雖然公司持續推出新產品，營收卻沒變化。我需要公司成長，幫我想個辦法吧。」我們三個的任務就是幫巨集媒體找出他們在科技業界的獨特之處，然後重新定位企業。

在這個問題上我們表現出絕佳的團隊合作。阿爾的第一個創業是在一九八〇年代率先開發UNIX作業系統管理的新領域，然後九〇網路熱年代身為Quokka運動執行長時，他創造出一個結合了運動、資料、網路內容的新品類，稱為「運動體驗」。克里斯多夫則是大力推廣客戶關係管理（CRM）的先驅，這也讓他成了矽谷Vantive的高階主管，接著隨著網路興起，他加入創辦Scient，一間致力發展網路商務的公司，那時網路商務還是個很新的概念。大衛剛進職場就是在Vantive幫克里斯多夫做品類行銷，接著他轉戰他處，去幫業務配置軟體開拓市場，還去做了網路廣播電台。當三個人聚首同時幫巨集媒體工作時，已經各自培養了也試驗了許多創造新品類的方法。其中很多辦法成了日後成立「玩更大」的養分，也出現在這本書裡。

當我們三人從品類角度出發來研究巨集媒體的情況時，決定聚焦在數位經濟的「經驗」重要性上。網路讓人輕易地從這個網站跳到下個網站，也造成新的問題：網站很難令人駐足停留。就這樣，我們看到巨集媒體可以解決的問題。他可以協助網站改善使用者的網站經驗，延長留在網站的時間。如今看來這似乎再明顯不過，當時卻稱得上驚世之語。

我們力促巨集媒體以能夠幫助網頁開發者和設計師創造優質使用者經驗的產品來打響名號。這不僅僅是打造高技術的產品，而是瞭解所有和巨集產品所創造的使用者經驗相關的一切內容。也是去了解產品、品牌、客戶服務等等一切帶給使用者什麼樣的感覺，據此設計出能讓客戶感覺良好的體驗。一個新術語於是浮出水面：體驗設計。

在商業和科技領域，很久以前其實就不斷有新的理論出現。二十世紀早期機械化及電力帶給業者與消費者許多精密的產品，包括汽車、洗衣機、烤麵包機、打孔卡製表機（最早的電腦）和農耕機械。當時有一個新問題：該如何讓廣大消費者對機械產品感興趣並且願意使用。一九二〇年代，能夠解決上述問題的新理論現世，叫做工業設計。這門專業「在短短時間內讓美國產品從醜陋的機械怪獸搖身一變成簡潔現代的未來象徵。」《美國工業設計先驅》（*Founders of American Industrial Design*）一書作者卡洛・蓋茲（Carroll Gantz）這麼寫道。再來，到一九八〇年代電腦科技首次進入大眾消費市場。那時發生了一個工業設計無法解決的問題：如何幫助人類和數位產品互動連結。又一次，新的理論誕生來解決新的問題。原本在史丹佛大學孕育而出的想法，最後結成的果實叫做IDEO，一間以產品設計，結合工藝與設計而聞名的公司。IDEO運用新的理論設計出第一個個人電腦用滑鼠，也設計出第一部商業筆電。如今，產品設計是基本流程，沒有一間公司不做產品設計。「產品設計曾經被認為是非常可笑的計畫，通常附屬於工程部，然後被分到偏遠的辦公區。」IDEO創辦人之一丹尼斯・鮑爾（Dennis Boyle）在回溯產品設計歷史時這麼說，「現在產品設計變成了核心部門之一，真好。」

歷史告訴我們，當社會開始轉型時總是需要一套新的理論來塑造引導這股變動的力量。機械化時代出現了工業設計師，電腦化時代出現了產品設計師。

坐在巨集媒體的辦公室裡，我們意識到網路已經帶來了另一波變化，因此需要一套理論協助人們和線上產品與服務互動。經驗設計也逐漸成了科技產業裡的重要角色，沒有任何一家有腦子的公司會省略經驗設計。

在巨集媒體內部，經驗設計串連起許多看似不相關的單位：視覺設計、使用者經驗（UX）、產品開發管裡、品牌、行銷。巨集媒體得出的結論是他們必須在經驗設計上取得領先，以此揚名。以這個目標做基礎，公司的標語也順利出現：「經驗攸關」（Experience Matters）。巨集媒體利用經驗設計發展出一個稱為豐富化網路應用的新品類，目標是傳遞多媒體內容給使用者。於是巨集媒體把個別五花八門的產品包裝成了Macromedia Studio MX。這些產品徹底改變了該公司的市場地位，也改變了公司營收。到二〇〇五年，Adobe以三十四億美金買下巨集媒體，這個估價很大一部分是因為巨集媒體的「經驗攸關」讓公司在自己開創出的豐富化網路應用品類裡領先群雄。

當我們三個人決定從業界退下來改做顧問後，便著手整合各自的業界經驗、研究報告跟公司資料科學分析，希望能找出打造品類王公司的方程式。所有資料整合之後，我們明顯看出，在這個行動—社群—雲端、超連結、永不關機的時代，另一波轉型期已經來到，但這一次該轉型的主角是公司企業。轉型會產生很多問題，之前已經提過，包括如何征服這個贏者全拿的市場，如何在新創公司大軍中展露頭角。我們相信市場上需要一套新理論可以幫助企業駕馭市場新動能，增加成功機率。那就是品類設計。

我們相信我們找到了非常有價值的答案和辦法，有心想要在商場上留下足跡的創業家、投資人、經理人等都應該一讀。品類設計是一套嚴謹的方法，明確具體地歸納出偉大創業家成功的本質。我們不敢說自己已經洞悉全貌，即使每個人都在科技業打滾了三十年之久，我們還是覺得自己只瞭解到冰山一角。我們期待讀者們看了這些心血結晶之後，以此為據，開始培養你自己的想法。我們的目標是能帶起越來越多對話，討論如何增加成功開創品類與企業的機會。

至少，比起期望自己是賈伯斯或是相信自己某天會驟然頓悟來說，品類設計絕對是比較好的主意；運氣並不是有效的策略。

等等，究竟什麼是品類設計？

品類設計是關於創造、發展一個新市場品類，並且調整市場，讓市場對公司產品產生需求並且把公司推向品類王的理論。

品類設計表示你必須統籌協調公司內許多不同的作業活動，一同執行書中所提的策略。這是一套教戰手冊，也是公司未來的志業。世界上有產品設計師和體驗設計師，以後也會有很多公司需要品類設計師。品類設計也會和產品設計跟體驗設計一樣，需要一個領導人負責統籌一切，竭盡所能讓公司登上品類王寶座。

品類設計的特點如下，後面的章節內我們將一一詳談：

- 品類設計能制定出公司要成為品類王的策略。這套策略必須在執行長和領導團隊發掘出值得創造的品類後展開，確定公司產品和公司運作都和品類契合。
- 品類設計也和產品與生態系統設計有關。包括提出一套計劃藍圖讓大家相信你的手上有能夠解決這個嚴重急迫問題的方法。意思是，以產品為核心，創造出能夠贏得使用者忠誠度與感激的環境。想想銷售力網站的Dreamforce，臉書的F8，VMWare的VM世界，當有上萬名群眾參加你所舉辦的類似活動時，你就知道自己在這個強大的品類生態系統裡已經拔得頭籌。
- 品類設計必須是公司文化的一部分。從公司型態、所雇員工，到投資人、商業夥伴、分析師、記者等公司所來往的族群，全都和品類設計直接相關。品類設計代表公司的中心思想。
- 品類設計是說出一個有力且生動的故事，促使消費者或用戶做出選擇。這個故事幫助他人明白你的產品或服務不只是比過去的選擇更好，而是根本不一樣。
- 當公司的行銷、公關、廣告全部都專注在讓市場對公司的產品或服務產生渴望，這也是品類設計。目標是讓市場茅塞頓開，改變社會的消費、使用，和購買決定。所以品類設計其實遠遠超出傳統的市場訊息和品牌建立範疇。

• 除此之外，品類設計也是馬不停蹄地統籌整合公司內所有要素，彼此回饋，力求每一個環節都能為品類、為公司創造動能。可以說，品類設計就像是一齣交響樂的樂譜；正如交響樂樂譜需要所有的樂器共同演奏，品類設計也需要公司所有的部門共同執行。

看到這裡也許你覺得「這聽起來很艱鉅！天知道我只是想寫個功能很酷的小應用程式然後上架啊！」但是品類設計正是要增加你的成果被大家注意到的機率。太多執行長一心以為只要消費者了解自家產品的劃時代功能之後就會馬上掏錢購買。但是無論產品或公司都不是獨一無二的超然存在，這兩樣都隸屬於某個品類。如果你不打算掌握品類，自有其他人搶著做，然後你的公司就完了。你要不自我定位，要不被別人定位。

另一個錯誤是認定公司以外的領域完全超出你的控制範圍。有些執行長討論市場的口吻像是在討論天氣，公司只能默默承受，從沒想過或許他們能影響，甚至在某些情況下控制市場。重點來了：如果你創造了一個新品類，當然可以把它調節成你想居住的氣候。如果你是進入他人的品類，自然對公司外的狀況無能為力。當你開創了全新的品類，或是替一個發展中的品類建立遊戲規則，你就可以讓品類朝你要的方向前進。

但，切記：一定要做品類設計。如果你抱著順其自然的態度，其他人會接手設計，或許是競爭對手，或許是消費者，或許是迦納集團某位分析師，或許是媒體。但只要不是你，就表示你放棄了增加成功率的大好機會。

工程學系告訴大家，技術優秀就一定會贏。今日的科技公司推出新產品既快速又便宜，因此往往在品類設計上得過且過。有時候一個產品就能夠在某個戰場取得勝利，公司自然沒想過品類設計，因為相形之下後者既艱鉅又難以在短時間內看到成效。即使一個厲害的產品鎩羽而歸，大家多半歸咎於運氣不好。但是職業撲克玩家雷默告訴過我們，遊戲裡每個玩家獲勝的機率是一樣的；關鍵在於盡你所能、窮盡一切去增加你的機率。這不是包贏，但能給你比其他對手大的機會，至少，比坐在那裡等著成功從天而降大多了。品類設計是二十一世紀的致勝之道。

品類設計是什麼？創造始末

品類設計必須帶領消費者踏上一段旅程。我們稱之為創造來龍去脈。事實上我們取了個簡稱叫始末。切記，一個優質的新品類是能夠解決人們尚未意識到的問題，或者是大家都以為無法解決的明顯問題。不管哪一種，你都是在介紹一個新事物給潛在消費者。你必須把他們從過去的思考模式移到新的框架。這就是之前所說的調整市場；你必須先定義並且推銷問題，唯有如此才能讓人瞭解你提供了最好的解決方案。VMWare必需讓科學家相信沒辦法在同一台電腦上跑兩套以上的作業系統是一個問題。在VMWare出現前，大部份電腦使用者壓根沒想過這件事。後來VMWare一揭露這個問題，科學家們馬上感同身受，覺得這的確是個需要解決的大件事。就在那時，VMWare成為公認的領導品牌，消費者不斷向該公司提出產品需求。同理，谷歌讓我們發現到Alta Vistak的搜尋結果是個問題，優步讓我們知道路邊攔車很遜，還有更好的辦法。定義問題是這趟品類旅程的起點，而與公司有關的每一份子都必須認同：消費者、員工、投資人、外部開發者、合作夥伴、部落客、記者等。大家從起始點踏出第一步，你則必須確保每個人最後會抵達末端。

科技業的人可以從馬克·班尼歐夫的例子學到很多事。我們已經關注這位Salesforce創辦人暨執行長很長一段時間。自一九九九年公司成立至今，凱文為了報導和專欄多次訪問他，而克里斯多夫和大衛於九〇年代中期待在Vantive做得其實和Salesforce是同一類業務。在我們看來，班尼歐夫執行了當代最成功的品類策略；市場成功接受了他的願景。

首先，先回顧一下當時的始末。一九九九年，「雲端運算」是個外星詞彙。想說服一九九九年的科技長使用雲端運算服務就好像在一九五〇年遊說阿拉巴馬州的人開日本餐館一樣，毫無可能。開創了公共雲端運算服務的亞馬遜雲端運算一直到二〇〇六年才上線，即使是那個時候，執行長傑夫・貝佐斯也是苦苦思考該如何形容及解釋這項新服務。沒有一家企業想把自己的資料放在某個網路公司的電腦裡。九〇年代的企業如果業務上需要某個軟體，唯一的做法是購買昂貴複雜的軟體然後安裝在自己的電腦系統。在當時有個非常火紅的電腦軟體品類，稱為客戶關係管理（CRM）。這類產品能協助業務團隊追蹤現有客戶和潛在客戶，協調業務活動，並分享有效資訊。在此熱門品類銷售高價複雜軟體的品類王則是希伯系統（Siebel Systems）。該公司於一九九三年由湯瑪斯・希伯（Thomas Siebel）和派翠西亞・豪斯（Patricia House）共同創辦，前者曾是甲骨文高階主管，而班尼歐夫則是甲骨文內的明日之星。希伯和班尼歐夫在甲骨文時就熟識彼此。

所以，當時的起點是希伯系統的客戶關係管理軟體，企業相信這套軟體能解決長久以來業務活動自動化的問題。雖然希伯系統稱霸了客戶關係管理品類，當時身在甲骨文的班尼歐夫卻看到了另一個客戶關係管理軟體帶來的問題：希伯系統的軟體要價不菲而且非常複雜，經常讓有意購買的客戶打消念頭，甚至不去考慮。對此，班尼歐夫認為自己有解決的辦法。

當時網路發展日漸蓬勃，班尼歐夫看見了一個對症良藥。他可以把客戶關係管理相關的軟體放進一個中央資料處理中心，顧客可以透過應用程式介面在網路上使用。如此一來客戶只需要付每個月的使用服務費，省下購買軟體的數百萬美金。而且客戶也不再需要聘請專門負責維護自家系統中複雜軟體的資訊人員，班尼歐夫將直接在資料中心更新維護軟體，不勞客戶操心。於是班尼歐夫離開甲骨文，創辦了Salesforce，推銷一套更便宜、更容易使用，而且最重要的是，這是完全不同的產品。這項產品在當時非常特立獨行；早期許多資訊界人士提到Salesforce都搖搖頭說：行不通的。

班尼歐夫沒有放任品類自行發展。他沒有以為這個很酷的新產品能夠自己找到出路。他知道想要拿到資金、找到優秀人才、吸引顧客，必須讓整個世界踏上旅程；意思是，他得調整市場。

一九九九年，即使Salesforce只有幾名創辦人擠在舊金山的一座公寓裡工作，班尼歐夫仍開始展開行動。他邀請《華爾街日報》的記者唐．克拉克（Don Clark）來參觀，但是他沒有把時間花在推銷產品上，而是宣傳問題本身。一九九九年七月二十一日，華爾街日報在頭版刊登了克拉克的報導，標題是「取消程式：軟體成為線上服務，產業大地震」，這篇報導是調整市場的第一個里程碑，讓市場對Salesforce的產品產生期待。班尼歐夫趁勝追擊，繼續安排其他記者的訪問，舉辦多場發表會，主題是「軟體的末日」。這句標語幾乎成了Salesforce的箴言，該公司甚至借用「魔鬼剋星」的海報，設計了一個趣緻的「軟體禁入」的標誌。班尼歐夫的首要任務是創造一個品類，專心地定義出只有他能夠解決的問題。「我們需要介紹一個全新的市場，推廣新的經營模式。」班尼歐夫在他的著作《雲端之外》（暫譯，*Beyond the Cloud*）寫道。

再來班尼歐夫開始發揮創意，他把希伯系統當成對手。而希伯系統正好是班尼歐夫所提出的問題的實際案例，所以他把Salesforce定位為反希伯系統。他希望自己的公司被視為勇敢挑戰希伯系統的冒險者。「我們向（舊金山）政府申請遊行許可，主題是反軟體。」幾年後他告訴《紐約時報》，「我們宣稱軟體傷害美國經濟，並且製造出大量的光碟片。最後政府核准了。」於是班尼歐夫舉辦了一場名不符實的抗議遊行。

班尼歐夫不同於許多八面玲瓏、長袖善舞的執行長，他公開地奚落規模龐大的競爭對手，特別是希伯系統和SAP，後者也有販售客戶關係管理軟體。當時他的火藥味簡直比西部槍戰片還濃。在他看來，這些譁眾取寵的高調動作都只是替新品類打地基，並且把Salesforce定位成能解決問題，帶領世界邁向新局的那間公司。

隨著記者、分析師、潛在客戶們漸漸開始認同班尼歐夫所說的問題，即使Salesforce對業務並未造成什麼影響，希伯系統覺得自己該做出回應。「一旦（希伯）開始替自己辯解並且承認Salesforce的存在，」班尼歐夫寫道：「媒體也就認為這是一則越來越有看頭的故事，等於提升了Salesforce的地位。就在此時，我們已經贏了。」說Salesforce勝利是因為一旦人們看見了問題，就無法視而不見。很快地，希伯系統被當成了問題，Salesforce則把自己定位成對策。班尼歐夫讓大家相信銷售力網站無疑是新品類的領導者。就這樣，他的願景成了自動實現的預言。

當然，Salesforce的產品必須滿足市場要求，產品的技術水準要能妥善地解決問題。不過當品類需要一項產品時，這個產品並不需要十全十美才能出場。一旦雲端銷售業務自動化品類揭露了問題，任何可行的對策都能滿足市場。既然Salesforce點明了問題並且定義了問題的範圍，因此自始以來它都被視為是唯一的解決辦法，就像市場看著Salesforce說：把你手上有的產品交出來，現在，立刻，馬上！

班尼歐夫也成功地替Salesforce注入有力的立場和性格。這間公司就是海盜、夢想家、局外人（雖然班尼歐夫在甲骨文待了很長一段時間，是個不折不扣的軟體人）。消費者和外部開發者也這麼看待它。加入我，Salesforce如是說，給這些腦滿腸肥的大公司一點顏色瞧瞧。班尼歐夫不時提到達賴喇嘛，以拒絕塵世物質主義的精神領袖來表示自己正試圖對抗那群開著保時捷的執行長們。最後到了二〇〇〇年初，這樣的態度終於鬧出國際事件，那時Salesforce發佈了一張海報，上頭出現達賴喇嘛替該公司背書的圖樣。一時之間，舉世譁然。後來班尼歐夫親自道歉，平息眾怒。Salesforce的知名度在事件過後又更上一層樓（這完全是經典手法，後面章節會詳加介紹）。在所有攻擊客戶關係管理軟體產業的舉動中，最神來一筆的或許是當Salesforce在紐約證交所上市時，班尼歐夫選擇了CRM做為公司代號。

二〇〇四年Salesforce公開上市時已經擁有一萬名企業客戶，接近十四萬名使用者，每位使用者平均月付六十五到一百二十五美元的費用。希伯系統想要守住江山，嘗試推出另一套雲端架構的產品，CRM OnDemand，可惜，當時Salesforce已經是雲端銷售業務自動化品類的新王者。品類推舉了Salesforce為王，希伯系統反而成了跟隨者。更慘的是，班尼歐夫回憶道：「推出這項雲端產品，等於是承認了整個市場。」Salesforce極之有效的設計自己的品類，品類也擁戴Salesforce為王。希伯系統踏足該品類就必須遵守Salesforce訂下的遊戲規則，大勢已去。制定規則的公司一定是站在最佳位置。

請注意，Salesforce並沒有破壞希伯系統。前者只是創造出希伯系統無法立足的新品類。新品類讓大家看到舊品類的問題，所以有些希伯系統的客戶轉投Salesforce。但是Salesforce絕大部份的客戶是新用戶，那些之前礙於經費或操作無法安裝客戶關係管理軟體的人。希伯系統或許仍然稱霸舊品類，只不過Salesforce的新品類已經損耗了舊品類的生命力。你可能覺得這只是文字遊戲，但其實是因果關係：並不是先破壞然後創造新品類，而是先創造新品類，如果舊品類因此遭到破壞，那也是沒辦法的事。

二〇〇五年九月，甲骨文同意以五十八億美金買下虛弱的希伯系統。二〇一五年初，Salesforce的市值約為四百八十億美金，雇有一萬六千名員工。它的年度盛會，在舊金山舉行的夢想力大會每年吸引約十八萬人參加；這是舊金山每年的最大盛事，方圓五十五哩內的旅館全被訂光（二〇一五年夢想力大會，Salesforce在舊金山停了一艘渡輪提供與會者住宿。非常高調）。現在已經沒有任何腦筋清楚的人會花錢買客戶關係管理軟體，而雲端企業應用程式也成了商業經營工具之一。班尼歐夫把非共識扭轉成共識。Salesforce是當代最成功的品類王之一。馬克．班尼歐夫和琳恩．班尼歐夫已經捐出超過兩億美金給兒童慈善機構，而且Salesforce基金會每年也編列了二千萬美金的慈善預算。不管這間公司日後發展如何，馬克．班尼歐夫已經確定進入品類設計名人堂。

品類設計需要勇氣

軟腳蝦是做不成品類設計的。品類設計的定義就是要踏入未知的領域，必須要在其他人還沒發現之前就對新品類有絕對信心。你得打造自己想要的未來，這個未來沒有任何人描述過。

你會遇到來自客戶、分析師、媒體，甚至自家員工的懷疑。競爭對手會嘲笑你。但你還是必須鼓起勇氣進行到底。正如Venrock的布萊恩．羅伯特（Bryan Roberts）告訴我們的：「成為品類王的其中一個條件就是有勇氣成為非共識。品類王沒有先例；如果你是模仿在別的地方看過的例子，那你只是個追隨者。」

伊隆．馬斯克一而再再而三地在品類、企業、產品三方面展現出過人的勇氣。他預見了私人太空企業品類，即使當時看來私人企業根本不可能有辦法生產可再利用的火箭推進器。現在，Space X已經是一個非常重要品類的品類王。同一時間，馬斯克也對電動車品類的願景念念不忘，認為電動車遠勝燃料驅動車。這又是一個在當下看似瘋狂的生意點子。現在，馬斯克的特斯拉電動車已經上市。或許我們事後看來覺得不可置信，但剛開始時馬斯克曾經被當成一個笑話，一個不可能成功的白日夢家。在這種環境下堅持理念需要過人的意志。

我們想用馬斯克曾經做過的一件大事來說明創造新品類和做品類設計是需要多大的勇氣。時間是二〇一四年，馬斯克公開了特斯拉的專利內容；這個例子不僅是關於勇氣，也是關於在打造品類時該如何看待智慧財產。

專利在業界是很珍貴的，特別是科技業和製藥業。專利被視為一種保障——是一道可以抵擋敵人入侵的牆，也是可以拿來攻擊敵人的武器。專利也可以是獲利中心，向其他公司收取授權金。基於上述原因，擁有專利的公司能很快得到不少好處，並且阻止其他競爭者入侵同一品類。VMWare就是很標準的例子；該品類迅速崛起，VMWare一炮而紅。而該公司擁有的專利讓其他強大的競爭者，如微軟，無法開發同質產品，至少在很長一段時間內動彈不得，而VMWare在這段期間內能好好鞏固自己品類王的地位。但是二〇一〇年代間特斯拉面臨截然不同的問題。雖然特斯拉已經創造了新品類也登上王位，但是整個品類成長地非常緩慢。電動車不像軟體，能很快透過雲端散佈到世界各角落。生產和配銷車輛不僅昂貴且耗時費日，一間小公司沒有本錢讓品類出現爆炸性發展。二〇一四年時電動車只佔有全球百分之一的汽車市場。特斯拉需要協助，它要做生機盎然的品類的王，所以要有其他競爭對手一起把更多電動車賣到市場上，進而帶動產業生態系統像是充電站、修車行，還有其他所有一切電動車產業需要的環節。馬斯克明白唯有整個品類成長，市場對特斯拉車輛的需求才會成長，即使這表示要幫競爭對手一把。只要特斯拉維持品類王地位不墜，品類成長後的好處還是會回饋到特斯拉上。

於是，馬斯克決定公開特斯拉的專利。他在部落格上發文解釋自己的決定。這些專利，他寫道，只是遏止產業的前進。藉由分享專利給其他公司使用，特斯拉希望能幫他們更輕鬆地生產出優質電動車。「我們相信特斯拉和其他公司一起生產電動車，會出現共用、快速發展的科技平台，對全世界而來是好事。」馬斯克寫道。為了表明決心，馬斯科吩咐取下特斯拉公司大廳牆上那些裱好框的專利文件。

馬斯克為了打造品類做了違背常理的事，因為他知道長期來看，只有品類繁盛下他的公司才有成功的希望。這就是我們所說的勇氣。執行長的任務就是要有勇氣，並且讓整個組織充滿勇氣。

特別在科技產業，創造品類的速度前所未有之快，品類王出現的速度也一樣。品類王享受了整個品類經濟大部份的好處，如果你不是王或者至少第二名，能拿到生意就已經算幸運了。情況有點像是整個組織正飛快地從懸崖峭壁上滑下來，大家還是得鼓起勇氣把身體往前傾；公司全體一定要發自內心地追求登上品類王寶座，公司裡每個部門都要參與，都要以最快的速度合作向前。

正因如此，執行長或是領導人必須是品類設計的掌舵者。這不是行銷長或是產品設計總監或是任何部門主管的責任。公司最高領導必須對品類理念堅信不移，鼓舞其他人加入行列，否則品類設計終將失敗。我們深信，有一天企業會開始僱用品類設計師，就像雇用體驗和產品設計師一樣。品類設計師可以建立起品類和企業的架構，但即便如此，執行長還是必須親身推動，因為這牽涉到公司內許多不同的部門。之前一些和我們合作的公司，執行長或最高領導本身並不完全接受品類王的思維，最後所有的努力都徒勞無功。

當然，要創業家採取品類王思維並非易事。以創造全新的品類為事業目標的確看似冒險，畢竟這表示完全沒有市場存在。你必須看見別人還沒看見的潛力，而且如果不能讓潛在投資人、潛在員工、潛在消費者一起看見你的願景，不會有人對你的公司感興趣。創業最容易受到的誘惑是去找一個眾所皆知的品類，然後去搶剩下的屑屑。這麼做你可能會小有所成，可能在現有產品上加入些特色然後分到一些市佔率，最後還能把公司賣給臉書或谷歌這些公司，這對大部份人來說已經覺得像是中了樂透。你賺了上百萬，公司則消失在龐大的企業帝國裡，沒有人記得清楚你做過些什麼。如果這是你要的，你該從冰箱拿瓶啤酒，或是出去買台福特野馬享受人生。我們對這樣的人生毫無意見，只不過你不如就此放下此書，因為你不是我們的目標讀者。

但是，如果你相信最好的策略就是竭盡全力，做所有能夠增加你成為品類王的機率的事，那麼請接著看我們的品類設計腳本。

第二部

品類王教戰守則

（或是，海盜、夢想家、創新者如何創造並統治市場）

第四章

起步：如何發掘品類

從靈感到構想

之前我們說過，失敗不是瑕疵，而是特色。我們從失敗中學習。保羅．馬提諾（Paul Martino）早年剛展開事業時，參與了我們認為有史以來最昂貴的品類設計挫敗——所謂昂貴指的是所失去的未來發展機會。馬提諾在二〇〇三年和馬克．平克斯（Mark Pincus，日後創立Zynga）和薇樂麗．希姆（Valerie Sime）一同創辦了Tribe Network。Tribe是早期的社交網站元老之一，和MySpace差不多時間成立，比臉書早了一年。Tribe最初的構想大致上的確沒錯，看好網路將會是人們的新社交模式，但是始終找不到能定義並且開發市場的方法。所以每當使用者提出要求，Tribe就開始更新產品跟使用經驗。換句話說，Tribe讓消費者來設計品類，這通常不是個好主意。Tribe Network始終無法在市場上發光，而且臉書後來也終於定義了社交網絡品類並且取得主導權，成為最成功的企業之一。Tribe最後黯然退場。「那段日子是我整個創業生涯中最痛苦的時候。」馬提諾事後說。在我們撰寫本書之際，臉書市值已經是兩千三百三十億美金，和沃爾瑪相當。

總之，馬提諾後來又開了幾間公司，直到二〇一〇年，他成立了投資公司Bullpen Capital。該公司在競爭激烈的矽谷找到獨特的利基點，專門投資已經拿到了最初種子基金，但是還不夠資格拿到來自創投的大額第一輪募資（Series A）的公司。公司的名字（Bullpen，意指牛棚）是借棒球術語來說明公司策略：「有點像是中繼投手，目的是銜接先發投手和後援投手。」馬提諾說。Bullpen Capital到目前為止表現亮眼，一部分要歸功於馬提諾在Tribe Network時代學到的品類教訓。他專門尋找有瘋狂、非共識、獨一無二點子的公司，當然他也必須看到公司擁有把點子轉化成品類的想法。

在尋找投資標的的過程中，他們會在每個月的第三個星期五固定舉辦一場會談，稱為Fullpen。約有十二名Bullpen合夥人和受邀來賓一同坐在會議室內，在幾個小時內，兩到三位創業家會進來推銷自己的公司和點子。有些人只能帶著大家給的建議離去，有幾位則會獲得投資。

大衛（本書作者之一）是Fullpen的常客之一，他在裡面的角色是品類專家。面對這些年輕又緊張的創業家，大衛通常會問三個問題。這些問題成了「大衛的三大問」：

一、你可以把我當成五歲的小孩，然後解釋你的公司是在解決什麼問題嗎？
二、如果你的公司能順利解決這個問題，那是屬於什麼品類？
三、如果你拿下了這個品類八五％的市場，你的品類潛力有多大？

很多創業家帶著自己覺得很有意思的初步構想或點子來到會談；可能是一種尚未出現的服務，或者是以前做不到的技術突破。但是很少有創業家能夠回答大衛的三大問。回答不出來就表示你闖關失敗，請速速離場。

這些問題不僅能夠讓Fullpen的與會者得到他們需要的資訊，事實上這也是公司必須讓社會了解的資訊：創業家的構想。你創造的只是一個酷玩意兒，還是有更多發展空間？這是其他現有品類的規格之一嗎？還是能夠成長為一個獨立，充滿活力的品類？構想本身並不值錢，構想必須能夠開發出適合你的公司和產品的品類才行。

當然，你一開始還是得先有構想。但要怎麼獲得構想呢？

大部份絕佳的構想來自我們所說的「匱乏」。基本上，就是有人看見世界上缺少了某個東西，然後立定主意要填補這份空隙。谷歌的賴瑞・佩吉覺得他必須用超連結來解決搜尋結果不精確的問題；馬克・祖伯格覺得他必須做一個哈佛新鮮人「臉書」的線上版，才能認識更多女生；伯德埃在極地得到靈感後，覺得必須把冷凍食品推廣到其他各地；傑克・歐尼爾（Jack O'Neill）總是說自己必須發明防寒潛水衣，因為他希望在冰冷的海水裡潛得更久；萊斯・保羅（Les Paul）必須發明電吉他才能讓觀眾聽見，「我以前演奏的是一般的口琴和吉他，」某次訪問中保羅說，「有天，我在一家燒烤店的停車場演出，有個男的對我說：『你的口琴沒問題，但是吉他太小聲了。』我記在心裡，開始思考該怎麼做比較大聲的吉他。」

有些我們聽過的絕妙構想來自另一間早期創投公司，Floodgate的董事安・穆拉珂（Ann Muira-Ko）和麥可・梅伯斯（Mike Maples）。他們找的標的公司必須擁有市場構想或者是技術構想。什麼意思？

市場構想表示看到我們所處的世界有所「匱乏」，然後相信能夠找到技術解決這個匱乏。萊斯・保羅有的就是市場構想。他發現世界需要能放大音量的吉他，他相信能找出解決這個問題的技術，並且滿心認為做這件事的人非他莫屬。他先看到需求，接著研究出能滿足需求的技術。另一個類似的例子，優步創辦人也是先有市場構想，發現計程車叫車服務有匱乏，然後相信科技能解決問題。

要怎麼產生這樣的市場構想？很多絕佳的構想來自於個人知識及熱情的結合，然後再加上一些機緣。機緣就是像萊斯．保羅在停車場遇到那名男子告訴萊斯他聽不到吉他。這種知識和機緣的組合也出現在伊凡．史畢哥（Evan Spiegel）和Snapchat的故事裡。史畢哥成長於南加州的富裕家庭，他是長子，而父母都是有名望的大律師。他在史丹福唸書的時候，就是那種有錢、有人脈、會玩、開BMW的派對男，簡直像是從「我家也有大明星」（Entourage）影集裡走出來的角色。這樣的男人明顯在接收女人傳送的大膽照片方面有豐富經驗；這讓他發現了一個匱乏。史畢哥相信，能夠讓照片或簡訊傳送後自動消失的產品一定會有市場。身處史丹福，他只要去接觸電腦科學和創業團體就能知道做出這種產品機率多大。於是他著手發展這個照片刪除的點子，最早名叫Picaboo，很快改名叫Snapchat。然後史畢哥的市場構想發展成了成熟的媒體公司，市場價值估計數十億美元。

Flipkart則是結合了文化、地理、科技所產生的市場構想的例子。二〇〇七年亞馬遜已經攻佔了大部份的全球市場，卻在印度嚐到敗績。該國的法規禁止亞馬遜直接從自己的倉庫販售給客戶，所以一本十塊錢的書花在長途運輸的成本高達九塊。印度的郵政系統不可靠，而很多潛在客戶要不是沒有信用卡，不然就是排斥線上信用卡交易。沙奇．班薩（Sachin Bansal）和畢尼．班薩（Binny Bansal）兩人畢業於印度最高科技學府德里印度理工學院，然後在亞馬遜印度辦公室上班。所以他們有亞馬遜所遭遇問題的第一手資料，同時也看到一扇敞開的機會之窗。他們的市場構想是：印度市場需要獨特的印度線上零售商。他們於是創立了Flipkart，建立起適合印度的倉儲和配送系統。數千名Flipkart快遞員把貨品放在背包內，騎著機車穿梭在擁擠的印度交通系統。在客戶家門口，這些快遞員直接收取現金，完全不需要信用卡。這項服務深得印度消費者的心；二〇一五年中，Flipkart的募資規模已經達到市值一百五十億美金。「只是單純想要創造專屬於印度消費者的產品，如今的成長已經超乎我們想像。」沙奇班薩這麼告訴《印度教徒報》（Hindu）。

馬克．班尼歐夫和傑夫．貝佐斯則比較有系統地建立自己的市場構想。我們之前提過班尼歐夫本身在甲骨文工作，對軟體業了解甚深。他知道關於客戶關係管理軟體的一切，對他來說這些軟體的問題點就是產業的「匱乏」，然後他看到剛起步的網際網路，覺得這項技術能夠解決問題。貝佐斯同樣也看到了網路有改變人類生活方式的潛力，不過一開始他不是很確定是什麼樣的改變。一九九四年在華爾街上班時，「我看到網路的使用量在一年間成長了百分之兩千三百，」他告訴我們，「我從沒見年成長率百分之兩千三百這回事，所以問題只剩下：什麼樣的生意可以充分利用如此高成長率？」他列出二十種非常適合郵購的產品，深入研究每一項。

書本也在名單上，當時貝佐斯覺得這產業有個有趣的特點：沒有一家實體書店能夠展示超過十萬本不同的書，但是已經出版過的書早已超過百萬。這表示，他可以在網路上開設世界最大的書店。一九九五年亞馬遜上線時，網站目錄上果然有一百萬本書目供顧客購買。貝佐斯用邏輯來找出自己的市場構想。

當然，這些市場構想在事後看來都是再明顯不過，但在當時完全不是。那時並不覺得會有電吉他的市場、會有郵寄光碟的市場、會有防寒潛水衣的市場，或是網路購書的市場；而且更不知道這些創業家能否建立起適合的技術、企業、品類來實現這些市場構想。這就是市場構想另一個有趣的地方：當你有一個好的市場構想，通常會是有點瘋狂、社會上沒有共識的，你的任務就是把它變成共識，並且相信只有你自己能做到這件事。

而技術構想通常來自某位科學家或工程師。這裏的「匱乏」完全是技術層面。發明家找到方法做出前所未見的技術，通常會期待能夠找到適合用新技術來解決的問題。「技術並不總能轉化為產品力。」穆拉珂告訴我們，「技術有可能需要找到合適的問題。」VMWare的創辦人有的就是技術構想。他們先知道怎麼把電腦虛擬化，然後再發現虛擬化可以解決的問題。伯德埃也是先有技術構想：急速冷凍魚類技術。從貝爾的電話、萊特兄弟的飛機到球碳、人類基因組，都是先出現技術構想，初期卻無法轉化成產品的例子。

Skype可能是史上最令人匪夷所思的技術構想產物。故事發生於一九九九年，瑞典人尼可拉斯・詹斯壯（Niklas Zennstrom）和丹麥人亞尼斯・費里斯（Janus Friis）離開兩人所任職的一間瑞典電信公司，然後投入一項其實是犯罪的生意：檔案共享網站Kazaa。你或許還記得，Kazaa是和Napster同時期，第一波被起訴偷竊正版音樂的網站之一。雖然詹斯壯和費里斯的工作地點在阿姆斯特丹，大部份寫程式的工程師則位在愛沙尼亞。到了二〇〇一年，好幾個國家的政府和音樂公司合作強制關閉了Kazaa並且起訴詹斯壯和費里斯兩人。為了自保，他們把Kazaa的所有權轉給了位於萬那杜的某個公司（萬那杜是靠近澳洲的一個島國，當地以高空彈跳祭典的文化而聞名，基本上就是從平地所搭建出來的高塔往地面彈跳下來）。後來這兩人醒悟到不如把Kazaa的技術用在別的用途，他們腦力激盪了許久後發現這項技術可以解決國際電話收費昂貴的問題：網路上可以直接撥打免費電話。愛沙尼亞的工程師們再次被徵招入伍。二〇〇三年，詹斯壯和費里斯推出了Skype。到了二〇一〇年Skype全球有六億六千萬使用者。這兩名海盜找到了讓國際通訊變得便宜又便利的方法，改變了上百萬人的生活。二〇一一年，微軟以八十五億美元買下Skype。

皮克斯動畫以技術構想起家卻始終未能轉化成有力的品類，是經過很長一段時間後公司才替自己的技術構想找到了合適的品類。從小熱愛迪士尼動畫的艾德・卡特姆（Ed Catmull）是一名電腦工程師。他相信可以用電腦來創作動畫，這是他從進入猶他大學以來始終追求的技術構想。但是他一直認為自己的品類是創作動畫的電腦，於是公司的第一項產品是皮克斯圖像電腦，計畫則是把這些電腦賣給電影製作公司。一九八六年賈伯斯買下皮克斯時以為自己買的是一個電腦公司。結果生意慘不忍睹，從頭到尾只賣出過三百台皮克斯圖像電腦，公司財務陷入赤字。正當皮克斯前途一片黯淡時，卡特姆的創意夥伴，之前曾幫皮克斯拍攝過宣傳短片的約翰・拉薩特（John Lasseter）建議皮克斯不如用自己的技術自己製作電影。那部電影，第一部全部由電腦製作而成的動畫，就是玩具總動員。電影於一九九五年上映，一舉讓皮克斯往史上最有影響力的電影公司邁進。皮克斯找到把技術構想轉化為產品類的辦法，在電影界創造了一個龐大的新品類。

總的來說，不管是市場構想或是技術構想，唯有能回答大衛三大問才是個好構想。**你可以解釋你的公司是在解決什麼問題嗎？**要創造品類，必須是人們還不知道或者是不認為可以被解決的問題。**如果你的公司能順利解決這個問題，那是屬於什麼品類？**那必須是全新，然後你有足夠的能力創造的品類。它一定得是非共識，否則你的公司只是個追隨者。**如果你拿下了這個品類八五%的市場，你的品類潛力有多大？**這個問題的答案能讓大家知道你的公司潛值多大，影響力多大。你是像第一階段的皮克斯，整個品類的潛力只有三百台機器？還是第二階段的皮克斯，有潛力主導全新的國際電腦動畫品類，並且在數十年間成長到好幾千億美元的市值？

從構想到品類

創業家們可能很善於產生市場構想或技術構想，但是極少數能做到下一步，發掘出適合構想的品類。他們似乎總是深信一旦世人看到他們的新產品鐵定一見鍾情，於是這些發明家就放任品類自行發展。歷史證明，那些有在做品類設計的創業家有更高的成功機率，因為他們有系統地發掘品類。

我們想和讀者分享之前協助一間公司發掘品類的過程，當然這並不是唯一的辦法。我們只是想強調過程的重要，不管公司內部或外部都要認真研究，把自己當成品類王來思考。「玩更大」團隊並不是魔術師可以直接告訴客戶哪裏有「匱乏」然後找到相關品類；我們是帶著創業家和管理高階一起走過一套流程，讓他們自己完成這些任務。目標是調整市場，協助市場和創業家看到一樣的匱乏。如果大家都能接受問題的確存在，自然就會對品類王提出需求。

為了讓你一窺流程，我們鄭重介紹Origami Logic和執行長歐佛・卡漢（Opher Kahane）。他在二〇一二年與歐福・沙奇德（Ofer Shaked）、雅隆・阿密特（Alon Amit）共同創辦

Origami。卡漢和沙奇德在以色列時曾經同窗，後來這三個人一同在以色列類似國家安全局的機構共事。在此他們接受了非常紮實的訓練，包括大量資訊收集、邏輯分析、情報工作。退伍後卡漢參與建立網路電話的先驅公司Vocaltec，之後他搬到美國並創辦了另一間網路電話公司叫Kagoor Networks，後者在二〇〇五年被瞻博網路（Juniper Networks）買下。在這同時，沙奇德成立雅虎知識，阿密特拿到數學博士學位加入谷歌，後來到臉書。等到這三人終於合夥創立Origami Logic時，都已經是身經百戰的職場老兵了。事實上如果你去看關於Origami二〇一二年首輪募資的媒體報導，大概可以看出投資人掏錢出來的原因主要是團隊，而不是Origami能夠明確回答大衛的三大問。當TechCrunch報導由阿賽爾合夥公司（Accel Partners）主導的第一輪九百三十萬美金募資時，文章寫道：「根據合夥人傑克．富羅門伯格（Jack Flomenberg）表示，阿賽爾和其他公司被Origami吸引的地方是卡漢和他的合夥人……加總起來有多年的成功創業經驗。」換句話說，阿賽爾的意思是：「我們看好的這個團隊，不是點子。」

Origami最初稱自己為市場情報公司。注意，「市場情報」是又大又亂的領域，裡面充斥不同類型的公司。它並非一個品類，自然也沒有所謂王者。Origami說自己屬於市場情報產業，就好像專門寫八世紀英國王朝的歷史小說家說自己在「寫作」。在五花八門的行銷科技裏，Origami其實只專注一小塊，創辦人利用之前在以色列情報單位學到如何獲得大量資訊的方法，開發公司的行銷科技產品。Origami的系統會收集和分析特定產品在浩瀚網路上所有的行銷蹤跡，包括交易紀錄、網頁瀏覽、推特、影片播放、社群網站上的對話、媒體或文章報導等。卡漢形容Origami像是「行銷人的控制塔台」。他補充說明：「這個平台吸進所有行銷人在乎的資訊，經過整理，轉成有價值、容易閱讀的報告。」這套系統很複雜，包括資料倉儲、邏輯分析、商業情報具象化，和被卡漢形容是「專門關注行銷資料的類臉書動態」使用者介面。

卡漢的形容並未真正區分Origami的不同，或是清楚定義公司能解決特殊問題的特殊能力。該公司二〇一二年創立時憑藉的是技術構想——這些人知道如何利用過去的資訊科學經驗做出前所未有的行銷資料技術。但是到二〇一五年，他們必須創造出能和技術構想做連結的自有品類。否則，最後只會和成千上萬的行銷技術產品一起堆在客戶腳邊。卡漢在找方法「辨識並搞清楚作戰的規則，首先要做的就是定義問題，也定義解決對策。」

品類設計旅程從發現開始，透過一連串的對話、訪問、小組討論、閒聊，從團隊身上找出重要的構想。構想一定存在，只不過很容易因為日復一日地忙碌工作而拋在腦後，需要一段時間才浮上心頭。有時候這些構想其實顯而易見，只是得用心去注意、傾聽、推敲，才能確保你碰上的時候就知道自己找到了。這是品類設計實際操作的第一階段，把構想轉化成有價值的品類、一則動人的故事，轉化成能夠調整市場看法的一連串具體行動。

現在，開始一起踏上Origami的旅途吧。

我們的工作是協助公司的頂尖技術人員和創業家了解他們自己其實已經知道的事。於是我們選擇了一些Origami的內部人員包括執行高層、董事、領導，和外部的顧問來進行訪談。每次訪談時間約為四十五分鐘到一小時，當中我們會提出一系列問題讓訪談對象說出對公司以下十一個主題的想法。主題如下：

願景任務：最早讓你創辦這間公司的市場或技術構想為何？

顧客：你認為誰會購買這項產品或服務？誰是使用者？

問題陳述：你覺得你能幫潛在客戶解決什麼樣的問題？

使用案例：人們會怎麼使用這項產品或服務來解決他們的問題。

產品／方案：請詳細解釋這套方案背後的技術，它目前的功能是什麼，還有什麼其他的能力？

生態系統：很多時候會有其他公司一同加入解決問題的行列或是能提供附加價值。這些公司形成了這整個問題和方案的生態系統。這些公司是哪些？另外，這整個生態系統內的中心點，也就是單一公司能夠影響全局的位置為何？

競爭對手：還有誰也試圖解決同一個問題？或者，如果目前還沒有人看到這個問題，一旦你清楚定義問題後，誰最有可能加入戰局？

商業模式：你的產品或服務將如何改變客戶的生意？是會增加投資回報還是能明顯降低成本？或者是能讓客戶做到過去技術所做不到的事情，創造顯著價值？

業務通路：對企業的公司必須能清楚說明產品或方案會透過什麼方法到市場上。是業務人員？經銷商？還是都有？對消費者的公司，消費者該如何發現你的產品？應用程式商店？搜尋引擎？病毒行銷？流量暴增駭客技術？廣告？公關？

公司組織：公司組織為何？誰對公司有最大影響力？決策如何產生？適合什麼樣的公司文化？

募資策略：下一次增資是什麼？私人資金？公開上市？在公司把錢花完之前還有多少時間？公司有多少資金來進行品類設計？

這是我們問公司內部人士的問題。和公司有直接關係的外部環境也一樣重要。以Origami的例子，這表示必須調查整個行銷技術領域，有哪些品類已經存在？誰做得好，誰做得不好？有誰表現突出？誰是意見領袖：分析師、部落客、媒體、投資家？他們怎麼說？我們發現Origami所處的行銷技術領域可說是一片混亂。任何公司都不應該宣稱自己的品類是行銷技術，這甚至不算個品類，只是間擠滿了醉鬼的酒吧。

Origami必須設計出以它的技術構想為主軸的品類，而這個品類必須契合公司的文化和公司未來所想發展的方向。這個品類必須讓Origami顯得獨一無二，避開那一大群「醉鬼」。最重要的是，品類必須完美連結Origami試圖解決的問題，而這個問題本身，或許是潛在客戶還沒意識到，或許是客戶不知道其實可以被解決。發掘這個問題和品類的辦法，就是要全公司上上下下深入地、詳細地思考公司本身和所處環境。有點像是在心理醫師的診療椅上躺下，然後鉅細彌遺地回顧自己的一生那樣。我們發現這麼做的結果和匆匆忙忙設計生產推出產品，一廂情願相信產品的好處會不言自明的辦法，有根本上的不同。

在整個訪談過程中，Origami慢慢看清楚自己的技術構想能夠連接到某個獨特的問題。接著，公司必須了解他們該創造什麼樣的始末。第一步是找出真正的顧客：一家企業裡，真正在乎行銷技術的單位為何？通常是資料分析部門主管、負責電子商務的人，和行銷長。這些人的心態分別是什麼？他們有什麼沒有意識到或者不知道能夠被解決的問題，如果有了這項方案，他們的世界會變成什麼樣？大部份的情況裡關於始末的討論會非常踴躍，最後才能對顧客和公司未來願景有更多的了解。

Origami的始末討論產生了品類的第一次概述。Origami認為自己的技術能把行銷績效評量從藝術變成科學，從解讀變成事實，從繁複的報告變成即時更新資訊。它能夠解決的問題就是：把模糊曖昧化為明確實際。於是，接下來討論的主題轉為：如何根據這份特徵定義出一個品類。

品類命名半是藝術半是科學。很多公司聘請品牌顧問公司挑三個字母當縮寫，用來形容自己的產品或服務，但是命名一個品類要考慮的事多很多。這不是像幫車子命名那樣問「我喜歡這個名字嗎？」就可以。對的思維所得出的名字才能幫忙設計並統治廣大的市場。品類名稱應該要支持公司策略，而不是反過來。品類名稱應該要描述出被解決的問題的本質。以企業客戶為主的公司，品類名稱應該要打動和問題相關部門的心；最理想的結果就是，你的品類名稱成了客戶編列預算時不能缺少的一條項目。以消費者為主的公司則需要一個直接描述的品類名稱，像是「社群網路」或是「即時運輸」。品類命名的藝術就是選擇對的字彙表達所有對的特徵。

Origami內部對命名方向有兩個互相矛盾的想法。一方面他們希望品類能看起來功能強大，另一方面又覺得如果名字比較接近現有的市場情報分析技術，那客戶或許會感覺安心，不會以為Origami的方案像科幻小說一樣天馬行空、遙不可及。但是不管哪一種，這個品類必須能排除行銷技術市場上的雜音，站在更高的立足點，建立新的行銷門派。

於是我們協助Origami找出品類名稱，希望在一片行銷平台的野蠻戰局裡，幫助企業行銷人員管理越來越多產品活動和組織報告。我們的第一個提議是：行銷管道分析評量。

然後，Origami做了件好事，他們恨透了管道和分析這兩個字，希望能看起來更恢弘。情況於是變得白熱化且情緒化。這其實是好現象，唯有熱烈的討論才能得出良好的結論。Origami團隊召開了為期數天的圓桌會議，好好地反芻所有想法。最後整整開了一個禮拜的會議才出現了一個好的名稱：行銷訊號測量。這個品類名稱目的是催生出一個叫做「行銷訊號」的新東西，整個數位領域過去從沒聽過。如果有行銷人想衡量行銷訊號，會去找誰？應該會是第一個提出行銷訊號和解釋如何測量的公司——那就是Origami。

發現並描述品類只是個起頭。執行長或領導人需要以號召全世界加入為己任。宣傳很重要。一切都要靠卡漢和他的團隊讓新品類真正誕生、長命百歲，還要確保Origami成為品類王（在寫書的當下，結果還未見分曉）。我們已經說過，品類王要同時設計產品、企業、品類。卡漢對自己的挑戰和責任下了很好的註解：「品類名稱不會自己推銷自己，」他對我們說：「我們必須挑一個名稱，而且我們必須讓名稱發揮作用。」

當公司發現品類後，所有內部人員一定要全心接納；公司的每個角落都得彰顯品類。這個階段的執行長要化身品類長，任務是說服所有管理階級和員工們買單。工作坊、聚餐，或者任何能促進品類設計討論的活動都很重要。每一個人都要把自己的工作想成是設計出能夠彼此契合、相互強化的品類、公司、產品金三角。這個階段的另一重要任務是留意誰是阿炮（總是會有至少一個），他不相信品類這一套，甚至還搞破壞。如果執行團隊裡出現一個很有說服力的阿炮，那品類設計的過程將浪費大量時間跟精力。如果過程中你發現了公司內的阿炮，請即刻把他踢出公司，藉此警告其他蠢蠢欲動的阿炮：如果不想參加，那就回家。

在公司討論與內化整個品類思維時，應該要勾勒出品類對公司每一部門代表的意義為何？該品類對產品和規格而言，意義為何？該品類對行銷和業務、對你要爭取的投資人、對你理想的合作夥伴而言，意義為何？到了這一步品類設計會開始一步步落實，任何抵抗都應該像恐怖片裡的貓一樣從壁櫥裡一躍而出。我們將在後面的章節更詳細討論此階段。

再次強調：一旦你確定了自己的品類，它就是你的北極星，是公司一切活動的依歸。

從構想到品類：有別於Origami的故事

我們分享Origami的故事是希望你看見發生在資金充分的矽谷新創公司的內部故事。其實筆者們研究了很多不同領域的品類王，看看它們是如何從構想到發現品類。品類王一定或多或少經歷過這段從構想到發現品類的過程，但多半不是事先規劃，也沒有方法可言。成功登上王位的公司可說是非常幸運。有些是領導者靠直覺發現了品類，有些是意外發現，甚至有些是因為危機快要倒閉的壓力才發現。重點是，它們都**很幸運**。你也可以只靠運氣；或者你可以主動，有系統、有方法地從構想走到發現品類，增加成功的機率。

如果不是那麼有系統地進行，過程會是如何？我們有機會問到Airbnb的執行長布萊恩．切斯奇（Brian Chesky）關於他的公司從構想到發現品類的故事。Airbnb始於一個不經意的市場構想，最後能成為商業巨擘可說是一個奇蹟。二〇〇七年切斯奇和他的室友喬．蓋比亞（Joe Gabbia）住在舊金山，有次差點付不出房租。當時剛好有個大型會議在舊金山舉行，前來參加的與會者以不合理的高價訂光了當地所有的旅館。切斯奇和蓋比亞兩人買了三張空氣床墊，在網路上刊登提供住宿和早餐的廣告。空氣床墊（Air mattresses）加上民宿（bed and breakfast）也就是Airbedandbreakfast。兩人的市場構想是：他們可以在各個城市有重大活動時販售一般人家中多餘的空間。他們又找了第三個合夥人納森．布萊查斯克（Nathan Blecharczyk），然後在二〇〇八年推出Airbedandbreakfast.com，最後縮短為Airbnb.com。

「剛開始經營Airbnb時，有段時間我們一直在想到底自己做的是哪一門生意，」切斯奇告訴我們：「我們以為應該是類似於販售空間的市場平台。」他們的公司很快就不只是在活動時販售多的床位，而是讓大家可以利用網站在任何時間、任何城市中找一個落腳的地方。Airbnb整個企業充滿了輕鬆、共享、千禧年世代的氛圍，甚至帶動了一個非主流的小型線上沙發旅行品類偶然成形。有數年之久，Airbnb只是隨遇而安，照著邏輯採取合理的下一步卻不知道自己真正的目的。如果消費者想在Airbnb上租沙發床位，也許他們會想租一整個房間？碰，賭對了；那麼租一整層公寓或別墅呢？碰，又賭對了。線上房東的身份漸漸從想賺點外快的大學生變成真正的地主，同時出租多個產業。大約在二〇一三年，隨著公司漫無目的的成長，切斯奇發現他並未掌握住自己的品類。他沒有一個有力的故事；其實在Airbnb生態系統的每一份子都沒有：員工、投資人、顧客、分析師、媒體，大家對Airbnb究竟是什麼和該往哪裡去都各有想法。「我記得在聖誕節時候，我正在學習餐旅業，」切斯奇說：「然後突然醍醐灌頂，『天啊，我們其實是餐旅業。』如果仔細查查餐旅業的定義，討論餐旅業，這個產業的意義是像在自己的家裡一樣款待客人。」

但是Airbnb不能只是宣稱自己是在「餐旅業」。首先，這不是一個真正的品類，就像Origami不能說自己是「行銷技術」公司一樣，把Airbnb當成傳統餐旅業將會失去真正的方向，而且冒著和各大旅館競爭的風險。如果民眾覺得Airbnb和旅館解決的是同一個問題：提供旅途時的住宿，那Airbnb永遠都會被視為排在有名旅館後的次要選擇。

所以切斯奇不斷思索：「餐旅業是旅館在做的事，Airbnb則完全不同，」他說：「和旅館不一樣的是，我們是透過社群提供餐旅服務，所以我們是以社群導向的餐旅公司，這就是我們的天命。這樣的體認出現後，徹底改變了我們思考每件事的方法。」或許「社群導向餐旅業」不是地球上最完美的品類名稱，但它仍然界定了品類、目的、方向，讓Airbnb脫胎換骨。這個名稱著重在Airbnb的生態系統，也給公司一個明確的方向。它讓人覺得Airbnb是在解決獨特的問題：當你不想待在千篇一律的旅館房間，而是要不一樣、更多樣化、更有社交互動的住宿經驗時該去哪裡？該公司開始一飛沖天；到二〇一五年網站上提供的房間數量已經超過任何一間旅館品牌，而且市場估價高達兩百四十億美金。Airbnb徹底擁有整個品類，公司名稱儼然是品類的同義詞。

Airbnb從構想到品類到傳達的這段歷程和大多數的品類王類似。公司並沒有好好規劃過程。但至少切斯奇知道自己的公司需要多嘗試幾個不同的想法，才能深入理解這間公司的意義，和所在的位置。Airbnb一定要找到自己在宇宙裡的位置並能夠清楚說明。每個品類王都必須如此，而且有數不盡的方法可以成功做到。我們的版本只是從我們的職場生涯和大量的研究中所學到的辦法。我們想要幫助創業家、投資人、執行主管，把原先毫無章法的尋找過程轉成每個人都能採用的條理步驟。

發掘出正確的品類很難，錯誤的品類則會讓公司付出慘痛代價。但是發掘品類是一切的起點；在能夠完整回答大衛三大問之前，做什麼都徒勞無功。只要能找出對的品類，你可以著手打造能吸引市場注目的產品、企業、品類。

玩更大的品類發現與傳達行動方案

第一步：從「誰」下手

第一個問題：誰要帶領公司發掘並命名品類？創辦人或執行長理所當然必須完全投入這項任務，但是通常他們不是實際執行這件工程的最佳人選。就像我們很難誠實自我剖析一樣，創業團隊也很難置身事外，用客觀的眼光、不考慮公司政治、產品規格、個人情緒來看公司。這也是為什麼巨集媒體的執行長要找阿爾、大衛、克里斯多夫這些外部人士來評估公司五花八門的產品，然後創造一個品類。我們不是要說服你僱用我們公司，在前言裡已經說過寫這本書的原因不是要建立銀河系中最大的顧問死星（這其實是我們的夢麘）。我們的意思只是，最好是把這份工作交給某個沒有包袱的人（或是某個小團體），可能是外部人士，可能是剛上任的董事，可能是新加入的執行高層，也可能是品類設計公司。

在大型成功企業裡，絕大多數的管理高層的工作目標是別把事情搞砸，而非找出未開發有潛力的品類然後向前衝。在新創公司，創業團隊通常一週得工作八十個小時維持公司營運，自然也沒有多餘的腦力或時間去做這工作。但這個工作需要時間；不只是執行所有步驟，還包括思考。

所以，第一步：找到那個人。

第二步：找出事實

決定好接這個任務的人選後，安排他訪問公司資深主管、重要董事，和外部顧問。研究外部環境也很重要。找出所有的分析師報告，搜尋網路，看媒體對整個產業的報導。有個要小心避開的陷阱是消費者焦點團體訪談。設計新品類時，消費者意見可能是致命毒藥。新的品類是個非共識，消費者還不知道自己需要這個品類。如果曼諾伊．巴爾加瓦問消費者要不要能量一口飲，後者大概會說不，或者問「能量一口飲是什麼東西？」

訪問的問題如下，本章前面已經寫過：

願景任務：最早讓你創辦這間公司的市場或技術構想為何？

顧客：你認為誰會購買這項產品或服務？誰是使用者？

問題陳述：你覺得你能幫潛在客戶解決什麼樣的問題？

使用案例：人們會怎麼使用這項產品或服務來解決他們的問題。

產品／方案：請詳細解釋這套方案背後的技術，目前的功能是什麼，還有什麼其他的能力？

生態系統：很多時候會有其他公司同加入解決問題的行列或是能提供附加價值。這些公司形成了這整個問題和方案的生態系統。這些公司是哪些？另外，這整個生態系統內的中心點，也就是單一公司能夠影響全局的位置為何？

競爭對手：還有誰也試圖解決同一個問題？或者，如果目前還沒有人看到這個問題，一旦你清楚定義問題後誰最有可能加入戰局？

商業模式：你的產品或服務將如何改變客戶的生意？是會增加投資回報還是能明顯降低成本？或者是能讓客戶做到過去技術所做不到的事情，創造顯著價值？

業務通路：對企業的公司必須能清楚說明產品或方案會透過什麼方法到市場上。是業務人員？經銷商？還是都有？對消費者的公司，消費者該如何發現你的產品？應用程式商店？搜尋引擎？病毒行銷？流量暴增駭客技術？廣告？公關？

公司組織：公司組織為何？誰對公司有最大影響力？決策如何產生？適合什麼樣的公司文化？

募資策略：下一次增資是什麼？私人資金？公開上市？在公司把錢花完之前還有多少時間？公司有多少資金來進行品類設計？

所有訪問和研究都完成後，訪問人或團體應該整理好所有重點與事實，然後以此為據，用大膽的方法激起內部對品類及名稱的討論。

第三步：舉辦討論會

下一步是為執行長和領導團隊舉辦討論會。品類王討論會，半是宣導教育半是討論爭辯。我們建議與會者抽出一整天時間，排除其他雜務完全投入討論。

宣導教育的目的是提供完整的背景資料。會議主持者應該向與會團體做簡報，每個人都要了解為什麼品類是最新的策略，為什麼在這個時代成為品類王如此重要。他們也應該了解公司目前所處領域的情形，也就是你所找出要解決的問題，產業發生改變前的環境。

剩下的時間，請用來熱烈討論。請依序討論以下主題：

顧客是誰？找出你目前來往的顧客，然後也找出真正想要來往的顧客。清楚說出後者是誰，工作內容為何，為什麼他們可能會想要你的產品。什麼是顧客還不知道或者以為不能解決的問題？

這部分需要一點想像力。照理說，到了這個地步你已經相信自己有某種市場或是技術構想。也就是說，你看到了一些潛在客戶還沒看到的事情。該如何從這些客戶的觀點來陳述你的構想？怎麼樣才能讓他們像你一樣恍然大悟？

公司的來龍去脈為何？一旦找出了問題，解決方案是什麼？客戶必須走過什麼歷程才會對過去的辦法說不，轉身投入你的懷抱？

什麼是「新的」？來龍去脈有了以後，你的目標客戶需要什麼新的東西來踏上這段旅程？Origami找到了「行銷訊號」，Airbnb找到了「社群導向餐旅業」，萊斯．保羅找到了「電吉他」。所以屬於你的，世界上從沒出現過，但是你的客戶覺得非擁有不可的到底是什麼？

這類討論會的最大好處是能：一、讓領導團隊專注於品類設計的核心事項；二、確保團隊裡每個人都聽到其他每一位對每一個議題的想法。很多時候一股強勢意見會蓋過其他聲音。討論會的目的就是確定每個聲音都被聽見，每個人都參與。

第四步：命名品類

做完上述所有工作，品類將逐漸浮現。現在該討論用哪些字彙來描述這個品類，這些字會給你的目標顧客帶來什麼樣的感受。記住，這些字將是公司未來的北極星，影響所有部門的策略和運作。盡量做到簡單、有力、清晰、別緻。這些字不是用來形容你的特定產品，而是你在這個品類內的所有產品。但是你做的產品應該要專門用來解決該品類所找到的問題。

嘗試變化組合兩到三個詞彙，最好不要超過三個詞。團隊有可能靈光乍現然後很快找到大家都喜愛的名字，但情況通常沒這麼順利。像Origami，起頭選了沒那麼適合的名字，大家停下腳步，沈澱數日，再繼續討論。即使如此，Origami的卡漢說過：或許永遠找不到完美的名字，但是公司的任務就是堅持信念，讓名字變得完美，讓大家覺得果然非此名莫屬。

第五步：整理歸納

把討論的內容和其他從討論會蒐集到的種種資訊整理歸納成一份品類檔案。這份檔案應該要涵蓋下列內容：

品類概況—你創造的這個品類看起來應該如何，適合放在哪裡。

品類生態系統—顧客、競爭對手、開發商、供應商、分析師、媒體，和其他和品類有連結的人。

來龍去脈—你希望給客戶的旅程始末。

品類名稱和敘述—最終版本。

品類案例—寫出為何此品類有存在的必要，公司創立和主導品類後，世界會變成什麼樣子。

通常我們在正式公佈文件之前，大概會經過十次改版。準備第一版文件時，我們刻意不邀請執行團隊加入，而是選擇在高階主管的會議中一次分享。通常與會者的反應都是出自肺腑。

我們的肢體語言專家（也是資深撲克玩家）大衛則仔細觀察大家的一舉一動。我們會仔細記錄所有的回應，同時注意有沒有阿炮那種刻意想搞破壞的人。整理文件並在會議上簡報的目的是讓內容更精緻，做最後定案，然後爭取大家的支持。一旦決定投入品類，就沒有回頭路。你必須破釜沈舟。

這個階段裡，我們經常會在投資人或董事會面前簡報我們的發現和建議。當然是在一切已經都有執行長的背書之後，他是關鍵時刻的主將。每次會議後得到更多回饋，更多反應，再次去蕪存菁。

最後，一切努力有了成果：發掘了品類，確認了品類，在公司內部徹底溝通了品類。到了此刻該開始著手準備你的觀點，也就是品類的故事。這個觀點將是公司策略的指導原則，就像美國獨立宣言一樣，是一切的依歸。

想更深入了解觀點，繼續看下去……

第五章

策略：觀點的力量

案例比較

以下是一個糟糕的企業觀點。很不幸，科技業中有上千個公司的觀點都是如此。

超級科技叮噹公司，總部位於加州聖荷西，是業界首屈一指的開發商及供應商，提供新穎快速的世界級雲端基礎平台應用程式給全球橫跨各個產業的兩千多名客戶。超級科技叮噹公司的大資料應用程式基礎平台非常容易上手，並且十分可靠、有彈性、效能強大，由世界一流的團隊打造。我們的專業團隊對全球應用通訊標準有深入了解，專精於硬體與軟體的設計跟製作，以及開發標準化、開放、社群、互聯網、行動、無線、檔案可容、分散式、超覆蓋的電腦系統。我們的技術能夠利用客戶原有的資源，提升業績表現，增加投資回報率，創造更高商業價值。

再來，下面這張圖就是很棒的企業觀點。

故事成就品類王

故事在歷史上始終有推動人類發展進程的力量，從荷馬史詩、馬可波羅遊記、莎翁戲劇、艾茵・蘭德（Ayn Rand）小說，到賈伯斯的傳記。故事具渲染力，能改變人們想法。華爾街股票交易員在觀察一支股票時總愛問：「有什麼故事？」創業家在說服創投公司時通常需要有動人的故事才能拿到資金，於是出現了小小的簡報訓練產業。碰到生硬的資訊我們可以硬記在腦裡，但是故事則是進入我們的心中。故事能引起共鳴。數十年的大腦研究已經證明比起事實，故事對人有更長久的影響。一九六九年的史丹福報告《以故事作為系列學習媒介》（*Narrative Stories as Mediators for Serial Learning*）中表示和隨機字彙相比，以故事形式呈現能夠讓學生記住六到七倍的字彙量。二〇一〇年左右，克萊蒙研究大學（Claremone Graduate University）教授保羅・查克（Paul Zak）發現角色引人入勝的故事會增加大腦的催產素。催產素是一種同理心激素，促進人互相合作了解。這對說服他人，也就是蘋果說的「不同凡想」，非常重要。「我的實驗顯示，角色導向的故事搭配上感人的內容能讓讀者更加了解講者所要表達的重點，數週後也比較容易回想起來。」查克寫道。他也順便抨擊了太多企業長久以來的習慣：「就影響力而言，簡報慘敗（給故事）。」

這就是品類設計師愛說故事的原因。我們把故事稱為觀點，或者POV。在恍然大悟出市場或技術構想後，在發現並定義正確的品類後，你需要為自己寫一個關於品類的故事；你需要一個有力的觀點。

觀點告訴這個世界你有任務在身，不是只要能賺錢就好的那種公司。故事能完整包裝你的品類所認為的問題，而你則是一切的解答。通常有人能清楚說明問題的時候，我們也會不禁認為他知道答案。這就是為什麼柯林頓可以靠著「我懂你的苦」這句話連任總統，還有雷根靠著「你過得比四年前好嗎？」這個問題打敗吉米・卡特。政治人物都深諳此道。

絕佳的觀點能使人們愛上公司、產品、品類而不只是將就接受。當你仔細回想，絕對可以輕易找出有強大觀點的公司和觀點一團糟的公司之間的差異。以超商來說，全食超市（Whole Foods）的觀點明確，以健康美味產品為重心，喜互惠（Safeway）則似乎沒有任何觀點，只是一間超級市場。西南航空有清楚的觀點，聯合航空沒有。蘋果有觀點，微軟則否。

觀點能夠調整市場去接受並且擁護公司願景，產生和創辦人相同的感受。故事帶領潛在客戶踏上始末之旅，於是他們了解「匱乏」在哪裡，為什麼你的公司能解決問題。觀點必須改變人們的心意，讓他們揚棄過去的思考方式，相信新的選擇。觀點要能渲染情緒；沒有人會記得你說過什麼，但不會忘記他們感受到什麼。這個感受可能是對於即將出現的新事物的興奮感，也可能是怕錯過它的恐懼感。有些一流的觀點讓人覺得：「狗屎，我竟然沒有這玩意兒！一定要入手！」要觸碰到情緒，就要用一般人說話的方式來表達觀點：簡單、直接、真摯。語言非常重要！有史以來沒有人曾經因為一大串平淡無奇的商業談話而熱淚盈眶。你生意的故事遠比你生意的資料重要。聽來荒謬？或許，但大腦科學已經證實這是真的。人們對故事感受更深，印象更深刻，就算是以分析事實數據為生的人也一樣。

觀點是一則包含開頭、內容，和結尾的故事。它告訴這個世界為什麼品類和創造品類的企業**與眾不同**。不同才會脫穎而出；不同才能強迫人們在原來的做法和新的可能之間做選擇。而圍繞著「更好」所產生的公司觀點則會將你所提供的與消費者已知的去做比較。「更好」會強化你希望打敗的品類王（而那絕對不會是你）的力量。如果消費者覺得這兩家公司在相互較勁看誰更好，他們只會去選品類王，或者是最便宜的選項。如果品類沒有王者的話。好的觀點把你從誰**更好**之戰裡救出來，另外開闢屬於你的**不同**空間。

表達得宜的觀點能賦予公司身份與文化，會在無形之中界定出公司的優先順序，也因此能吸引適合公司的員工加入、適合公司的投資人挹注，還有適合公司的生態系統出現；另外，也能避開那些不適合公司的人事物。說到底，觀點引導公司策略。有力的觀點會影響領導團隊做的每個決定和計劃。觀點也讓員工直覺地知道該如何努力才是符合公司的策略。最成功、長壽的企業都已經把觀點刻在骨子裡。

之前提到，馬克・班尼歐夫成功利用科技產業的經典觀點之一建立他的Salesforce王國。在高價軟體稱霸而雲端運算還不十分成熟的時候，班尼歐夫已經清楚表明Salesforce就等於「軟體末日」。這是個不同的觀點，也是驚世駭俗的觀點。它挑戰了業界巨人，賦予Salesforce一個任務：把消費者從軟體惡夢中營救出來。它也為公司帶來媒體曝光。除了「軟體末日」之外，班尼歐夫也構思了更深一層的觀點來表達Salesforce如何與眾不同。該公司每年將捐出一％的股票作為慈善用途，而且朝著新型態的企業社會責任努力。Salesforce不吝於對社會議題發聲。它就是要做業界的海盜，反抗慣例。「企業無法掌握事實，」班尼歐夫談到上述決策時說：「然而，企業可以掌握自己的人格。」而人格決定了行動。「我們照著人們的期望行動，於是他們和公司產生了連結。」班尼歐夫寫道：「這是一種情感緊絆，是沒有任何競爭者能夠奪走的公司資產。」班尼歐夫做到什麼程度呢？數年後，二〇一五年，當印第安納州通過歧視同性戀的法條後，班尼歐夫非常公開高調地表達立場，將Salesforce撤出印第安納州。這個舉動看來十分真實而不只是個表演，因為，他真的這麼做了！這個決定完全符合Salesforce長久以來的觀點，最後讓該公司在科技業聲名大噪。

蘋果在賈伯斯的領導下建立出強大的觀點，以優美設計、使用者經驗，和蘋果不同硬軟體之間的高連結度為主軸。一旦觀點建立，每當蘋果推出iPad或iPhone等新產品，消費者聽到消息都會湧起一個念頭：沒錯，這就是蘋果啊！公司的觀點夠強，行動就顯得合情合理。

GoPro所有的消費熱潮全都是建立在一個「與眾不同」的觀點上。事實上，該公司的觀點絕大部份是所謂的「觀點影片」。尼克・伍德曼（Nick Woodman）是名衝浪狂，他希望能拍攝每一次美妙的衝浪過程，所以做了一台可以防水並且綁在身上的強固型攝影機。當他在二〇〇四年成立GoPro時，一般錄影機的市場已經逐漸疲軟。伍德曼堅持GoPro的攝影機與眾不同不是因為可以配戴在身上，而是它所象徵的冒險、大膽、極限運動精神。購買GoPro的消費者覺得自己也成了這個圈子的一份子，於是很快就有GoPro的使用者把拍攝影片上傳，吸引了大群觀眾。到二〇一二年，GoPro每年賣出超過兩百萬台攝影機，而使用者分享影片也在YouTube上累積了上億瀏覽次數。「他們很快就像Band-Aid或Q-tip那樣獨占了市場，大家都把這種鏡頭稱為GoPro鏡頭，或是相信這些場景一定有人用GoPro拍攝過。」衝浪巨星凱莉．史雷特（Kelly Slater）說，GoPro後來成了她的贊助商。當你的品牌就是品類代名詞的時候，你的品類王地位已經無庸置疑。GoPro成為新攝影機和新影片內容品類的品類王。新力跟其他大型電器公司嘗試進入這個領域，卻鎩羽而歸。事實上，GoPro攝影機的操作並不容易，這些大廠或許製作出更好的攝影機，但是他們沒有觀點，無法和目標顧客建立連結。二〇一四年，GoPro股票上市，股價在幾天內就上漲超過一倍，公司的市值衝上三十億美金。二〇一五年下半，GoPro因為原來的品類已經失去了成長的潛力而業績衰退，該公司準備慢慢拓展到其他可能市場。目前還不知未來發展如何。

在筆者的職業生涯裡，我們都感受過優質觀點所產生的力量。如前所述，阿爾、克里斯多夫和大衛在二〇〇〇年一起幫巨集媒體開發新的品類及觀點。以「經驗攸關」、體驗設計，和新的豐富化網路應用程式產品為主軸來發展觀點。這個觀點訴說了經驗攸關的故事，引導巨集媒體的策略決策。當大衛和克里斯多夫在水星互動工作時，他們用「商業技術最佳化

（BTO）」這個觀點讓水星互動踏入一個新的品類。當惠普在二〇〇六年以四十五億美金買下水星互動時，惠普的企業客戶領導安．莉為摩（Ann Livermore）說此購買決定有一半是因為BTO觀點。

我們不敢斬釘截鐵地說公司非得要有強大的觀點才能成功。喜互惠和聯合航空兩家企業規模龐大，但是他們都沒有觀點而且也絕非品類王，有的只是低利潤且乏味的股價表現，還有一群可能接近行屍走肉的員工。再來是推特，這又是另一種觀點故事。二〇〇八年推特首度問世時，凱文在一場矽谷邱吉爾俱樂部的活動中，上台訪問了創辦人之一的艾文．威廉斯（Ev Williams）。他請威廉斯描述推特的願景和策略。「我大概知道什麼東西會流行、為什麼會流行。但那比較像是我的直覺，所以無法非常清楚地描述。」威廉斯說：「我的合夥人傑克（多西，Jack Dorsey）和畢茲（史東，Biz Stone）一直對推特抱持宏大的願景。公司裡的人都認同推特做的就是連結人們，每天我們都聽到推特如何改變了大家的溝通方式，這算是我們親身體驗到的想法。」這段話的翻譯是：我們沒有觀點，我們沒有策略，我們觀察使用者在做什麼，然後順著去做。（喔對了，推特到目前為止的態度仍然如此。）推特很幸運，它在對的時間做出了對的產品然後押對了寶。你當然也可以期待自己是個幸運兒，我們只是告訴你發展觀點是增加你成功機率的另一個重要步驟，讓你最初的構想更有可能變成一間公司、一個產品，和一個重要的品類。

二〇一〇年代，我們遇上一間對品類王策略有深入了解的企業用戶導向公司：Tableau，總部位於西雅圖的「數據分析可視化」公司。Tableau的觀點不是像Salesforce那樣敲鑼打鼓地宣告「軟體末日」，而這份含蓄卻更加適合該公司的冷靜學究型人格。

Tableau來自於史丹佛大學的教授派特・亨瑞漢（Pat Hanrahan）和他的博士班學生克里斯・史多特（Chris Stolte），他們兩人一起研究如何將數據資料轉化成互動式可視圖表，讓人更容易解讀分析。隨著研究出現進展，兩人又找了克里斯欽・查伯（Christian Chabot）加入，後者曾經是資料分析師、創業家和創投家。這三人在二〇〇三年憑著研究成果創立了Tableau。

從一開始三個人就深信自己提供了和過去完全不同的產品。企業用戶的市場早已充斥許多「商業情資」軟體產品、分析引擎和簡報包裝。這些產品通常要價上萬，甚至是數十萬美金，可是只有受過訓練的專業人士才有辦法使用。企業的確很需要這一類產品，能整合大筆資料，然後分析歸納出心得。但是它們也有希伯客戶關係管理軟體的問題：費用過高，安裝使用又不易。隨著公司發展，Tableau漸漸找到了故事始末：企業可以從昂貴複雜的產品轉向更容易、簡單、優雅的系統。最重要的是，Tableau和Salesforce一樣給了很多以前無法負擔資料分析產品（因為又貴又難用）的人首次使用此類產品的機會。「我們將品類重新設定，應用範圍更廣，發揮空間更大。」查伯告訴我們 Tableau 觀點的精髓，「這是一套給出於好奇，或是希望更深入瞭解資訊的人的商業分析軟體。」

在 Tableau 不斷琢磨觀點時，他們也發現必須用前所未見的方式來宣傳自己的故事。他們要讓對資料分析一竅不通的人也相信自己可以使用這一套簡單有力的分析工具。Tableau 也要宣傳自己可以解決的問題，解釋資料為什麼可以幫助人們工作更順利，活得更好。Tableau 的觀點旨在強調這是給不知道自己需要可視化分析軟體的人的新型態產品；而這個觀點決定了公司該採取的行動。查伯注意到 Tableau 的產品優點很難用文字敘述說明，所以該公司直接提供完整版的免費試用——這在分析軟體界是首例。於是，願意嘗試產品的人數激增。Tableau 又趁勝追擊開發 Tableau Public，是 Tableau 的免費雲端版本，這樣又有更多的人可以使用。在業務早期 Tableau 就開始舉辦使用者研討會，愛用者可藉此場合分享心得。第一屆研討會位在西雅圖一間精品旅館，一共五十個人參加。到了二〇一五年，參加人數飆升到一萬人，地點改成拉斯維加斯。之前寫過，以企業用戶為主的公司比起消費性產品公司需要花更久的時間炒熱市場，Tableau 的可視化分析產品整整花了十年才算正式起飛，真正變得炙手可熱是在二〇一四年，營收達四億美金，股票上市，而且成為可視化資料分析品類無庸置疑的王者。一路以來，Tableau 的成功關鍵是保持自己獨特的觀點，不斷地採取符合觀點的行動，讓觀點充分融入公司各部門的營運之中。

當然，我們承認觀點其實不是新的運動。一九九〇年代行動電腦產業就因為觀點這個仙丹妙藥而如虎添翼。事實上，掌上電腦（Palm Computing）的傑夫・霍金斯（Jeff Hawkins）成功地創造出有史以來最佳的觀點重塑之一。

一九九〇年代初期很多創業家、投資人，甚至大型電腦公司紛紛爭先恐後地開發小型攜帶式數位設備。霍金斯在其中一間企業GRiD上班，該公司開發了GriDPad。其他參與的公司還包括一家叫ＧＯ的企業，產品名為ＥＯ，日本的卡西歐推出Zoomer，ＩＢＭ則是和BellSouth合作發展叫做Simon的計畫。在此期間，蘋果（當時是賈伯斯被逐出公司的黑暗期）開發了牛頓電腦（Newton）。以上所有的產品最後都血本無歸；當時的技術還沒辦法做出高性能，並能獨立運算的手持設備，而且全都售價昂貴（最便宜的Zoomer定價在七百美金）又功能低落（基本上，做不了什麼事）。這類「個人電子助理」品類的定義不清且不符合時代需求，於是漸漸衰敗。霍金斯差點就成了受害者。一九九二年，他離開GriD自行創立了掌上電腦，開發這些手持裝置的軟體。可惜因為品類表現太差，掌上電腦也難逃衰退的命運；如果沒有人買硬體，軟體自然缺乏市場。

當時投資掌上電腦的名創投家是Benchmark Capital的布魯斯・鄧樂利（Bruce Dunlevie）。

眼看掌上電腦逐漸日落西山，鄧樂利會見霍金斯，問他有沒有能力設計出消費者真正想要的硬體來挽救掌上電腦。那天晚上，霍金斯坐在家中著手起草一個真正獨特的觀點。這項產品，他寫道，售價必須低於三百美金，能裝進襯衫口袋。但最與眾不同的部分是：該產品應該是個人電腦的配件，而非一台獨立運算的電腦。它可以和個人電腦互傳資料，所以使用者隨身帶著行事曆、電話簿、記事本等，其他檔案或功能就留給個人電腦處理（別忘了，貝爾實驗室到一九九四年才正式示範無線網路應用，所以霍金斯開發產品時還沒有無線網路這回事）。這個產品目標「不能算是革命性構想，但和目前所有公司定義的手持型產品大相逕庭。」作者安卓雅·巴特（Andrea Butter）和大衛·伯格（David Pogue）在著作《剖析掌上電腦》（暫譯，*Piloting Palm*）中這麼寫著。為了符合目標售價、尺寸、性能，掌上電腦需要使用者配合，改變輸入資料的方式。在當時，辨識手寫字跡是非常先進的電腦規格，所以不可能出現在低價、無鍵盤、口袋尺寸的設備裡。於是霍金斯想出一個特別的解決辦法：教育使用者一套能輕鬆辨識的縮寫系統。他稱此系統為「塗鴉」（Graffiti）。換句話說，霍金斯認為教育人類改變自己的書寫習慣比要求電腦辨識各式各樣筆跡容易得多。

霍金斯和團隊一邊開發產品的同時，也不斷修改整個觀點，使其漸趨明確。最後團隊寫下了完整觀點：「大部份競爭對手相信這類產品銷量不佳的理由是因為缺乏合適的功能，掌上電腦卻認為真正的理由是產品不夠簡單。」掌上電腦甚至重新定義了PDA品類，從個人數位助理改稱為「連線管理器」。每當掌上電腦的工程師提議加入會提高售價或影響尺寸的功能時，霍金斯總是回頭參考觀點，然後很快拒絕。

掌上電腦在一九九六年的一場展示研討會中首次亮相掌上領航員（Palm Pilot）。媒體很快大肆報導背後的故事，一時間成了街頭巷尾談論的熱門話題。掌上電腦也深刻了解要積極的傳播自己的反差故事，所以同時運用電視廣告和公關活動來教育市場。因為堅守觀點，掌上電腦開發出對的產品，社會接受霍金斯的靈感，認同其他手持產品既昂貴又繁複，整個市場很快地從舊的觀念轉為霍金斯的觀念。有史以來，手持數位產品終於第一次風靡市場，而掌上電腦也為現在人手一支的智慧型手機開立了先河。

時機也是關鍵

一個成功的觀點不只是有對的故事，而是在對的時間有對的故事。觀點也要考慮當時技術的發展和社會的風氣。創業家可能有絕妙的願景，可惜適合的是十年後的社會；如果他在十年前的今天就發表，媒體可能會報導，消費者卻不一定買單。上佳的觀點能恰到好處地帶領人們進入未來，卻仍然能提醒觀眾過去的情況。如果觀點大部份都在講目前的事，比較好的下場是故事平淡無奇，比較糟的結果則是看起來像抄襲者。如果丟出來的觀點超越當代技術所能範圍，內部團隊可能焚膏繼晷也達不到對客戶的承諾，而外部觀眾也抱持保留態度，甚至完全不相信。

從自己過去的經驗裡，我們知道什麼是好時機，那就像騎在完美的海浪上，也知道什麼是時機判斷錯誤，出師未捷後被遺忘很長一段時間。九零年代網路泡沫正盛時，克里斯多夫是Scient的首席行銷長，在他的協助之下Scient有了符合時機的觀點。當時所有的公司突然間意識到自己需要有個網站，很多顧問公司因此應運而生，IBM也開始推廣電子商務的概念。Scient的執行長包伯．豪威（Bob Howe）直覺認為電子商務是個可行的概念，但是他、克里斯多夫，還有其他創始團隊成員都覺得IBM沒有辦法成功地吃下電子商務顧問的市場。於是Scient命名自己為「系統改革者」，在顧問領域裡開展一個新的品類。這個觀點出現在完美的時間點，公司也成了品類王。一年後，Scient市值達九十億美金，在網路泡沫崩盤之前一直是一顆閃亮巨星。

阿爾則是好時機和壞時機都經歷過，正如之前所提。一樣是在網路泡沫火紅那幾年，阿爾創辦了Quokka運動。他對於網路能提供實境運動體驗的願景是對的，當時運動界的人聽到這個觀點也同意阿爾的看法。NBC電視台和Quokka簽約購買奧林匹克的實境運動體驗。可惜，Quokka的構想終究超前當時的技術水準太多，撥接上網的速度無法呈現預期的效果，而寬頻網路普及的速度又出乎意料地慢。最後，Quokka沒有累積足夠的本錢度過網路泡沫崩盤危機，Scient亦然。由此可知，就算觀點對了，其他部分也沒有問題，光是時機不對也能致命。

網飛的李德·海斯汀（Reed Hasting）則是時機掌握的大師。他在一九九七年與人合夥創立了網飛，從那時候他就說取這個名字是有原因的。他知道未來有一天公司能夠提供線上直接觀賞電影的服務，但是他也明白這項技術還要好幾年才會成熟。在當時，他甚至沒有把電影線上串流放入公司的公開觀點裡，只是順應當時的社會條件另外寫了一套觀點。在網站上選好電影光碟然後郵寄到家的服務有著恰到好處的未來性，打敗了百視達和其他租片同行，同時這一切仍然在消費者能夠理解的範圍內。海斯汀耐心等待，事實上，一直等到好幾個不成熟、時機不對的線上電影服務失敗後（這些服務最後都不成氣候）。在二〇〇五年一場名為網路二·〇的研討會上，海斯汀上台接受訪問時被問到為何網飛還沒開始電影串流服務。他當時解釋了市場還沒成熟的原因，表示軟體和反盜版法還是會造成消費大眾很多使用上的不便。一直到二〇〇七年，網飛終於推出新的觀點，開立了一個簡單、低價的網路串流新品類。網飛當時已經有四百二十萬用戶在使用DVD配送服務，這已經是現成的客戶群，而且寬頻網路在美國家庭迅速地成長。海斯汀精確地掌握時機，讓網飛成為兩個大品類的品類王：首先是郵寄出租光碟，再來是電影線上串流。

表達你的觀點

或許你是賈伯斯、貝佐斯，或海斯汀之流的人物，信手捻來就是精緻動人又恰逢其時的品類故事。但如果你是個凡人，我們還是建議藉由整套步驟協助你發現並且傳達有力的故事。這套步驟就是在上一章所討論的品類發現行動方案。當你完成所有步驟找到對的品類，你也已經找出了為何這個品類應該存在，和為何你的公司或單位應該成為品類王的理由。觀點只是傳達這份發現的方法：告訴大家品類的故事跟你在當中所扮演的角色。

我們再三強調，請務必將故事「寫下來」。很多創辦人跟執行長把觀點放在腦子裡，一直放著，只有演講的時候提到，導致團隊其他成員自行解讀觀點。品類設計的每一個部分都必須互相配合，所以每個部分都必須清楚精確，像個完美的工藝品一樣環環相扣。組織裡的每個人都必須以一模一樣的觀點為工作基準。因此，唯一的辦法是把觀點寫下，反覆推敲，重新寫過，激烈爭論，直到領導團隊同意一個滴水不漏的版本為止。任何到了這個時候還反對觀點內容的人就是阿炮，請盡早移除。

提到表達觀點的技巧，我們的方法是想像自己正在為品類的故事拍電影預告。故事的敘述方式必須以簡單直接的方式打動人心。觀點內容要包含問題、目前狀況、品類願景、建立品類的行動藍圖和描述未來的成果會是如何，字數請盡量簡潔。言語上的轉折能帶來思考上的轉折，而後者則導致行動上的轉折，最後變成消費上的轉折。星巴克想要客戶買五塊美元一杯的咖啡而且還情願排十分鐘的隊，就得端出不一樣的產品——像是三倍濃縮大杯低脂拿鐵。

撰寫公司觀點花的心血遠比一般的「電梯簡報」要多得多。後者的目的是在短短三十秒內概述公司的主張，觀點則是企業策略的具體陳述，內容要夠深厚才能推動公司的一切行動。當然，觀點有了以後，或許有天公司會要求某個新進員工改寫出一版更短更有戲劇效果的觀點，讓公司的高階主管和潛在買主某一天一起搭電梯的時候使用。

找出故事的過程的確有趣且創意十足，但有時候也是令人煎熬的任務。通常在正式公開檔案之前，我們會反覆細讀修改十多次。就我們的經驗來說，最適合發表故事預告片的場合是一場包括了高階主管、領導團隊，和接受過訪談的重要董事晚宴。

這正是Origami的做法。如果你還記得，Origami團隊最後選擇的品類是行銷訊號評量，找出每個行銷人需要評量並掌握的新東西：行銷訊號。但別忘了，Origami找出的問題是絕大部份行銷人還未意識到或是不知道能夠被解決的。要想辦法把這些潛在客戶從舊觀念中，拉進Origami的新思維來。觀點正是調整市場，讓市場接受Origami的重要步驟。當然，推廣的對象也包括員工、投資人、合作夥伴。

Origami公司觀點初次登台亮相的情況如下：場景是在加州曼羅公園（Menlo Park）一家法式鄉村餐廳，一級主管都來了。大家都參與了為期數週的品類訪談跟討論會，一步步抽絲剝繭得到了品類和品類故事，最後眾人齊聚一堂見證成果。舞台上燈光一亮，投影片開始播放。投影片的設計是白色文字配上黑色背景。當時Origami的投影片播放順序如下，一次一張，一字未改：

- 你知道今天發生了什麼事嗎？
- 這是個簡單清楚的問題。
- 但是沒有任何行銷人能夠回答。
- 因為行銷已經變成了複雜、瞬息萬變、喧囂的日常戰役。

- 大家都說現在行銷的表現很容易評量。
- 但是如雨後春筍冒出來的新頻道、平台、應用程式、設備、資料，還有瞬息萬變的雲端……找出有用訊息簡直是不可能的任務。
- 到二〇一七年數位行銷會占媒體行銷總產業預算的四〇%。
- 如何評量效果成了行銷界大哉問。
- 事實上，行銷長們紛紛表示行銷資料分析的品質和數量一直是一大問題。
- 測量付費購買和自有媒體管道上的顧客參與程度，更是企業策略的一大重點。
- 但是，即使有所有的試算表、顧問報告、行銷自動化、資料庫、商業情資、客戶關係管理，行銷主管仍然一無所知……
- 今天發生了什麼事。
- 直到現在。
- 隆重介紹……行銷訊號評量。
- 有的公司注意活動，或通路，或設備，或是使用者互動，我們注意所有的，全部的，行銷訊號。

- 每一則廣告、推特、貼文、關鍵字、影片播放、照片觀賞、部落格、應用程式、電子郵件、網站拜訪，甚至離線的媒體操作，全都是行銷訊號。
- 我們把龐大的行銷訊號資料轉化成讓你知道如何對症下藥的行銷分析。
- 行銷人終於能，評量、分析行銷訊號，然後採取行動。每一天。
- 每一天，把行銷效果發揮到極致。
- 然後你也可以及時評量競爭對手的行銷訊號。
- 激起你對事實和原因的好奇心。

到此刻，Origami的故事已經完整。它無關於技術或產品規格，雖然Origami的起點是技術構想。它和哪個公司最好或最便宜無關。它也不是把一大堆流行商業專有名詞胡亂堆砌一通了事，坦白說這是很多公司的做法。這個故事只是簡單清楚地定義了問題，然後創造出現代行銷人員覺得自己一定要有的「東西」。這個東西嚴格來說並非Origami，而是行銷訊號評量。Origami的首要任務是讓目標市場覺得「我們一定要有這玩意兒」，一旦人們決定自己需要行銷訊號評量，只要Origami推出的產品足以順利解決問題，他們就有極大的機會拿到這些顧客訂單。如果分析師、記者、部落客都能理解這個故事，他們將會敘述這個新事物，而且是用

Origami期望的方式描述，於是也等於肯定了Origami可以解決這個問題。

如果社會普遍接受Origami所說的故事和問題，後者將永遠佔有優勢，因為這是為Origami量身打造的故事和問題。當每個部分都發揮了該當發揮的作用，品類就此誕生了，一個指日可待的品類王也正朝著王位邁進。

觀點的威力

好，你已經討論、釐清、修改，然後也寫下了你的觀點。現在要告訴你該怎麼在公司各方面發揮觀點的威力。

人員招募：

利用觀點來吸引對的人才，同時過濾掉不適合的人選。彼得．提爾（Peter Thiel）在建立Paypal時有了下面心得，「如果你能解釋清楚為什麼這是你的天命，就能吸引到你需要的員工；不是為什麼很重要，而是為什麼這麼重要的事除了你以外沒有其他人能做到。」提爾在著作《從零到一》寫道。「以Paypal來說，如果你對創造新數位貨幣來取代美金感到興奮，我們想找你一談；如果並不，那你不適合Paypal。」說出一個明確且引人入勝的觀點，有潛力的員工會自己出現在你面前。

吸引投資：

一九九八年當亞馬遜準備公開上市時，傑夫．貝佐斯寫了一封信給所有股東闡述亞馬遜的觀點。當時亞馬遜只是販售某些商品的線上零售網站，但是貝佐斯明確表示公司將在比較長遠的未來做出大刀闊斧的拓展行動。「比起保守，我們傾向做出大膽的投資決定，」貝佐斯這麼寫，通篇文章重複使用大膽二字多次。之後貝佐斯把這篇觀點視為聖典，每年的年報都重複刊登。因為如此，亞馬遜吸引了對的投資人而過濾掉不適合的。投資亞馬遜的人知道買這間公司的股票不是因為公司會斤斤計較每季的獲利，而是懂得持續投資、追求成長。要是沒有這麼明確、仔細溝通過的觀點，貝佐斯可能會因為投資人不斷要求利潤，然後短線進出而元氣大傷。無論你是尋找天使資金的小新創公司，還是準備股票上市的大企業，觀點絕對是你最好的投資人關係管理工具。

整頓員工：

觀點能告訴員工該怎麼做，並引導他們如何做決定。公司的日常運作，從開門到關門，都應該符合公司觀點。如果觀點夠清楚而且員工也真心接受，公司基本上就能自我管理。當然這不代表你在網站上放了一篇觀點文章，日後就一帆風順。領導人必須在公司內大力推廣這套觀點。當大衛和克里斯多夫在水星互動上班時，他們發起了一個訓練課程，確保業務團隊全體員工都有能力清楚表達。美國區業務的大主管喬．薩科斯頓（Joe Sexton）親自出差到美國境內所有的業務據點，看著每個員工在同事前做觀點簡報，然後判斷是否合格。公司對觀點的重視不言自明。Salesforce也和許多企業一樣了解這點。自早期以來，公司就把公司觀點和產品的好處等等重點印在一張兩面印刷的塑膠小卡上。「如果我們只是把卡片發給員工，那毫無用處，」馬克．班尼歐夫寫道，「我們提供訓練課程，確保每個人都清楚明白公司想要傳達給世界的訊息。」他補充說明：「如此嚴謹規劃的成果就是大家都是精確地宣傳公司的意識。」你使用語言的方式會重塑你的思維；當你重塑了思維，也就重塑了行動。

產品發展：

強大的觀點能告訴工程師、產品經理、文案、建築師、設計師，和其他創作者該做出什麼作品，更重要的是：不要做出什麼。每一個產品跟規格都必須符合公司觀點，推動公司的使命。蘋果可說是科技業界的最佳產品發展範例。該公司以專注產品開發聞名於世；產品種類不多，但每項產品都徹底彰顯蘋果的觀點跟精神。賈伯斯的另一家公司，皮克斯，也異曲同工地運用觀點來引導所有創意相關決策。「我們的要求是培養出保持目標明確的文化。」執行長艾德．卡特姆寫道，「首要原則是『故事為王』，意思是不管任何事——技術也好，周邊商品銷售也好，都不可以影響故事品質。」由於堅守「故事為王」和其他相似原則，皮克斯製作出一部又一部叫好又叫座的電影。當製片團隊無法下決定時，他們知道要回歸到皮克斯觀點。觀點不是用來形容你的產品，觀點是你的產品出類拔萃的原因。

品牌建立：

可能有些固執己見的老生意人聽到所謂的觀點會咕噥著這玩意和品牌跟定位是一樣的嘛。但是觀點是策略的具體表述，所以是觀點塑造了你的品牌跟定位。觀點的第一層意義是公司的自我認同，一旦這個認同被內部全體人員接受，公司自然能以自信的態度對外界解釋：我是誰，為什麼我很重要。這樣子建立起來的品牌才不會流於文字表面或是勉強穿上的外衣。當品牌和公司訊息跟公司的認同及策略深刻融合為一體，自然顯得真摯，也就會引起注意。媒體、顧客、競爭對手、分析師，和投資人對於公司是否真誠都異常敏銳。太多公司空有一句口號或標語但背後毫無觀點的支撐，於是淪為用過就丟的工具，對公司無所助益。空洞的標語比偶像團體的歌詞還容易忘掉，而且幾乎可以套用在隨便一間公司上。像SAP的「大道至簡」或是微軟的「你今天想要到哪裡去？」都是沒有觀點的無意義標語。

為了說清楚觀點對品牌和公司訊息的影響，我們來回顧大衛的過去：當時軟體公司Coverity雇用他來發掘品類，發展觀點，並且找出公司的市場定位。Coverity創立於二〇〇二年，也是一家發跡自史丹佛大學電腦研究部門的公司。它的營業內容是「靜態程式碼分析」，白話文就是指從軟體程式中找出錯誤編碼的分析過程，從醫療用的心臟電擊器到你口袋中的安卓作業系統手機的任何軟體都適用。到二〇〇八年，Coverity已經被視為是品類內的領導者，但是這個品類實在太低調，大概只有整天窩在實驗室的電腦宅男知道。Coverity解決的問題讓飛機安全地翱翔天際，也讓超過十億種設備每天能夠順利運作。但是品類的故事只有在地下實驗室裡的工作人員知道，外面的世界根本不知道Coverity到底在解決什麼問題或者是這個公司的價值。於是，二〇〇八年大衛以行銷長的身份加入公司企圖扭轉局勢。

在大衛的協助下，Coverity找出了公司觀點，公司真正的本質。該觀點的核心是軟體健全度。這就是Coverity在做的事，它告訴潛在客戶你的軟體健全度就是你的生意健全度。它的解釋是：你看，一架客機的操作系統有超過一億行軟體程式碼，最好還是先確認一下所有的程式碼都正常運作吧。Coverity的立場是，確認軟體健全度是企業責任，而不是錦上添花的特色。該公司把軟體健全觀點包裝成打擊軟體世界壞蟲的保護行動，這個觀點讓公司年成長超過二〇%，也成了業界無庸置疑的王者。分析師給Coverity的評價甚至超越IBM和惠普等大企業。在二〇一〇年，耕耘公司觀點的一切努力都獲得了回報。當時豐田汽車的普瑞斯（Prius）遭到有關當局調查是否因為軟體瑕疵導致汽車在煞車狀態下突然自行加速的可能。豐田汽車因為這樁軟體健全醜聞損失了四十億美金的市值。媒體聯絡上Coverity希望他們能針對軟體健全議題發表意見，大衛最後在CNBC電視台上和汽車專家們辯論軟體健全度問題。這樣的媒體曝光機會都是源自於努力耕耘公司觀點，Coverity終於從地下實驗室晉身到董事會。

歸根結底，觀點是策略的具體表述。如果你理解觀點、內化觀點，那你就有公司策略，也就是同步創造品類、公司、產品的宏大計畫。但是要找出對的觀點，你得深入內視公司的靈魂。這很難也很耗費時間，但我們保證，一切都是值得的。技術人員喜歡先把產品做好再來想其他部分，這個順序不對。下一章裡我們會解釋成功的品類王們是如何運用公司觀點在同一時間內設計出好的產品、公司和品類。如果你仍然相信「只要把東西做出來然後賣掉，其他一切都不重要。」……你仍然相信有最好的產品就穩贏……那，祝你在這場賭局裡好運中獎。如果你想串起產品、公司，和品類，拉高你成為品類王的機率。第六章在等著你。

玩更大的觀點發現與傳達行動方案

第一步：誰？

觀點發展和品類發掘、品類表達密不可分。我們在第四章裡建議最好委託外部人士擔任品類發掘的日常執行負責人，但是負責人和領導團隊必須完全信任，替他們背書。這些負責品類發掘的人也應該是你的觀點發展負責人。

第二步：找出事實

這是沿用同一個人或單位來負責觀點發展任務的另一個原因：所有品類發掘時所做的功課也是發展觀點時需要的資料。請回頭找第四章後段，關於「找出事實」所需要提問的問題。然而，發展觀點時，除了上述問題之外也要增加策略面及文化面的問題；後者的提問對象應該是創業團隊和重要領導人。觀點是公司策略的具體表述，必須反映公司的自我認知，所以請把接下來的問題放入提問清單。

這間公司及它的產品，有何不同之處：公司觀點要表達出「不同」，而不是「更好」。所以，不同在何處？這間公司及其產品到底在什麼地方不一樣？這些不同點分別能打動哪些客戶的心？究竟哪一個「不同之處」能最終演變成公司的自我認同？

公司要如何創造出能夠解決品類問題的產品或服務：不要只是討論你最後能提供給客戶的產品或服務，也要講清楚是怎麼做到的。達成願景的藍圖是什麼？如何成就「不同」？

心目中的終極成果：如果公司成功了，世界會是什麼風貌？世界會有什麼變化？是像Salesforce觀點所說的「軟體末日」？還是像Sensity在觀點裡估計的一樣，出現了新型態的照明感應網路？和其他公司的願景相比，你的終極願景有所不同嗎？

公司本質：班尼歐夫成立Salesforce，儼然是一名篤信人道關懷的冒險型競爭者。西南航空的形象則是無拘無束、趣味盎然。蘋果的使命是做出優雅、充滿設計巧思的科技產品。你的公司文化是什麼？公司領導人是什麼風格？希望在大眾心中和媒體上呈現什麼形象？

這些問題比品類發掘的問題來的含糊曖昧，但是觀點本來就是訴諸感性多於理性。這階段的功課除了搜集事實，也要盡可能搜集任何情感相關的細節資訊。

第三步：在問題上達成共識

在敘述你的解決方案之前，得先知道如何清楚的說明你要解決的問題。巨集媒體說的是，糟糕的網路體驗會導致生意失敗，所以要解決糟糕的網路體驗（當然，是用巨集媒體的產品）。Sensity告訴各個城市舊的街燈系統不僅遲鈍且浪費資源，是個問題。Origami則表示，行銷人根本不知道今天發生了什麼事。

記得我們之前所說：誰把問題陳述地最好，就最有可能成為品類王。理解客戶的問題能促進他們腦中催產素的分泌，於是更容易接受你的想法。所以請找出你的品類問題，然後找出能夠觸人心弦的表達方法。

第四步：寫出故事，修飾再修飾

前面提到，在創作觀點時要記得照著電影預告片的節奏跟情緒渲染力。在一篇字數有限的觀點中，要把問題及其脈絡交代清楚，描述品類的願景，說明如何打造品類的藍圖，還要勾勒出未來的成果。

這樣的基本結構有點像深夜的商業廣告片，先用誇張的手法呈現出問題，然後再拿出解決辦法。我們常常訝異居然有很多公司在廣告產品的時候完全沒有提到問題是什麼。觀點最基本的目的就是調整市場的想法，讓市場了解問題，對解決方案產生需求。如果感覺問題的規模越大、越急迫、越關鍵，人們自然願意花更多時間、注意力、金錢去解決它。所以觀點的結尾只要簡單地用宏觀、充滿希望的手法形容公司的主要解決方案就好。**無論如何，請勿在觀點內敘述產品規格**。

保持簡潔。用平易近人的詞彙，而不是商業或科技術語。盡量使用簡短的句子。要引起興趣。還記得嗎？電影預告片。

內容要充滿感情；讓人覺得自己一定要擁有，或是讓他們不敢不擁有。

請勾勒出未來的願景。願景能讓你的觀眾知道你在朝哪個方向前進，為什麼他們應該跟著你走。願景能夠引導公司的策略跟文化，還能夠在員工、顧客、合作夥伴、投資人，跟所有生態系統內的成員間建立起共同的使命感。

記得在觀點內注入公司性格；語言很重要。是走嚴肅理性路線？反骨挑釁？積極進取？輕鬆歡樂？Sensity在觀點裡開了一般照明路燈的玩笑，裡面一部分寫道：「別怪它們笨……它們生來如此。」這樣的手法讓Sensity看起來思想先進，願意挑戰傳統。Origami則選擇比較客觀理性的語言，彰顯出自己是棘手商業問題的可靠對策。每個案例中，語言都象徵了某部分的公司文化。

在寫的時候把觀點當成簡報或一連串投影片來寫。務必要能在短時間內看完或講完，觀眾需要的吸收時間不應該超過十分鐘。請記住，世上流傳最久也最成功的觀點之一，美國獨立宣言，全長共一三三七字。你的觀點沒有比它長的理由。

草稿寫完也分享給領導團隊後，記得請他們提供反饋，記錄下所有的意見，修飾文字，然後再分享。如此反覆直到領導團隊徹底接受為止。團隊一定要認同這份觀點完全捕捉到也表達出品類、公司，和產品策略的精神，因為一旦定案，所有一切都應遵循這份觀點。

觀點正式出爐之後，任何部門都不能為了各自的目的而改動文字。請像對待經典歌曲一樣對待它。偶像歌手也不會隨意更改歌詞，所以請勿更動一字一句。

第五步：發表、宣傳、動員

靜靜躺在網頁上或是某個硬碟裡的觀點起不了任何作用。Salesforce 把觀點做成塑膠小卡分給每位員工。有的公司在員工大會或部門聚會時介紹觀點。不要只是用副本郵件發給所有人，執行長和整個領導階層必須主動宣導。

在公司培訓的時候訓練員工，審核他們。把觀點當成信仰。接受公司觀點必須是成為公司員工的先決條件。一個非常有效的辦法是要求新進員工站在全體同仁面前背誦公司觀點；把它變成一個比賽，表現最好的人有獎勵，過程保持輕鬆愉快，把它內化成公司文化的一部分。邀請員工製作短片和簡報，題目是觀點為何如此重要。招募你的團隊一起來參與，大家自然對觀點充滿熱忱，而阿炮也會自行默默退場。

當觀點成了公司的一部分，請善加利用觀點來動員公司同仁一起設計跟開發品類、公司，以及產品，讓公司朝品類王之路邁進。該怎麼動員？請翻到下一頁……

第六章

動員：實際執行篇

殘酷的現實

我們想和你談談一個企業裡常見的現象，它叫做萬有引力，以及如何用品類設計來對抗這股可怕的力量。萬有引力的恐怖之處在於公司似乎做了每一個合情合理的決定，但每個決定最後都扼殺了公司成為品類王的機會。

如果你想知道什麼時候該全力投入品類設計，答案是當萬有引力越來越強大的時候。發掘品類，定義品類，寫出完美的公司觀點是一回事，但真正展開行動又是另一回事，因為行動必須日復一日、每分每秒地對抗萬有引力。品類設計艱難的時候現在才開始；這是捲起袖子實做的時候，也是決定成王敗寇的時候。

我們自己身處類似的情境多次，有時是隊員，有時是教練，有時是場邊顧問，所以對於箇中情況十分瞭解。或許本章的描述看起來主要是關於科技新創公司，但是同樣的問題和解決辦法也一樣適用於任何懷抱熱情使命的創辦人：大公司裡的新部門，新的學校或教會，樂團，運動聯盟，公益團體。即使程度和遇到的阻力可能不同，但原則都是相同的。我們只是拿新創公司作為理論原型。

通常公司成立之始，大多數狀況下執行長是產品管理負責人。執行長有最原始的靈感：就是最早的市場或技術構想，所以她會規範產品的本質，每天和團隊溝通自己的願景，確保團隊的行動跟產品發展都朝著願景邁進。之前我們討論過金三角的組成是產品設計、公司設計，和品類設計，當時我們說一旦這三者配合無間，所發揮的效果將能大幅提高公司成為品類王的機會。通常公司剛成立的時候，創辦人暨執行長會專注在產品設計，偶爾做些公司設計，但幾乎很少人會想到品類設計。這是可以接受的，畢竟執行長的時間跟心力有限，把資源放在產品發展或許在公司早期是正確決定。

然而，一旦產品有了，公司開始有客戶，執行長多半突然得處理一大堆林林總總的公司營運庶務，像是業務、招聘、募資、參加董事會、法務、公關、辦公環境、星期三要不要訂甜甜圈到辦公室等等。萬有引力把創辦人（或者是大公司裡的創意長）從「發展」生意，拉到了

「經營」生意上。於是產品設計的工作就從執行長換到了……不知道是哪個傢伙，也可能一個人也沒有。或許業務主管開始鞭策產品開發；或許業務開發人員插手干預產品開發，因為他覺得自己可以簽下好幾筆「決定性」大單。任何懂得如何影響說服執行長的人都會為了達到自己的目的，在背後找執行長咬耳朵。或許最後是某個倒霉的新進工程師在管理產品，因為她是唯一知道把所有客戶和夥伴的要求跟投訴整理成完整檔案的人。不管是誰負責，都沒辦法和執行長有一樣的構想，多半也無法完全了解產品的本質。所以為了自己的部門利益，他們會去改變產品走向以滿足短期目標。

從第一位客戶開始使用產品，反饋就會滾滾而來：使用者資料、評比、使用者意見、社群網站評價、推特，還有增加新功能的客戶要求。執行長被困在萬有引力的漩渦中，於是低階專案經理把所有的反饋跟客戶要求整理成表單然後交給產品經理與工程師。企業客戶導向的公司裡，業務團隊可能為了銷售而承諾公司會滿足客戶所有的需求；可惜，這些客戶要求幾乎不會和執行長原本的設定一樣。最後，工程師漸漸著重於回應客戶需求，不再以執行長規範的產品本質為開發目標。而客戶需求通常要的只是「更好」，不是「不同」。

這在企業客戶導向的公司千真萬確地發生，但不代表消費性產品公司沒有這種情況。通常，消費性產品公司會更快出現問題，因為消費者改用新技術、新產品、新服務的速度很快。

而且消費性產品公司的問題或許更公開，因為公司的萬有引力還包括社群網站上湧入的大量要求與批評。

這種種阻力就是萬有引力把產品和公司拉離正確軌道的開始。只要早期讓產品偏離目標一點點，到後期產品就會和設定的本質差個十萬八千里。對顧客要求過度妥協，到頭來你手上就會有一大堆互不相關的產品規格，沒辦法創造出你心中的願景。你只是做出跑得更快的馬，而不是一台福特汽車。如果你是創辦人或執行長，眼看著工程團隊又承諾了下一個短期衝刺改善計畫，計畫內容卻沒一項是你的構想，那你正站在品類設計的危急存亡之秋；任何事都有可能發生，任何不好的事。

有兩個方法可以打敗萬有引力。

第一是成為一個瘋狂極權的產品設計願景主導混帳。這正是賈伯斯出名之處，他也做得很好。這也是為何微軟在比爾蓋茲時代表現出色，換成超級業務史提夫・巴爾默（Steve Ballmer）就一蹶不振，後者聆聽太多客戶、業務、競爭對手的意見，公司隨著市場起舞而不是市場隨著公司起舞。很少有執行長能夠一邊經營公司一邊堅定地朝最初的願景目標前進。

考慮到上述辦法難度太高，第二個打敗萬有引力的方法是奉公司觀點為圭臬，利用實施品類設計的過程確保產品、公司、品類都在正確軌道上。我們講過品類設計的一部分是調整市場，讓市場看到你的構想。不過，在調整市場之前，你要先調整好你的公司。

成為品類王需要極大的膽識，特別在危急的時候執行長必須堅守公司觀點和品類設計策略，深信創造前所未見的新品類是對的方向。萬有引力不要你去追求還沒出現的上億市場，它會把你推向已經定義好，且顧客也都瞭解了的市場。每一個部門都能感受到這股引力。企業客戶導向的業務團隊希望能夠販賣已經在客戶年度預算項目上的商品，而不是說服客戶去編列新預算購買沒聽過的產品。消費性產品市場則偏好引導客戶從可口可樂改喝百事可樂，但不想教育客戶全新的商品，像是五小時能量飲。工程師喜歡設計比現有產品「更好」的產品，而不是完全沒看過的產品。行銷、財務、公關、人事——每個部門都感受到萬有引力。大家習慣撲向球的現在位置，而非球即將去的方向。此時此刻，領導人必須有勇氣推開眼前的豐厚營收，因為他知道公司應該朝著原先的目標前進，而創造、開發、主導一個全新品類是更好的策略。品類王並不是無視所有的萬有引力，他們只是在滿足市場需求跟持續邁向未來新品類之間找到神奇的界線。

對抗萬有引力之戰最具體的戰局就是眼下營收和公司未來兩者之間緊張拉鋸戰。雖然這對許多人來說是瘋狂的想法，但是要成為品類王，你的目標是未來經濟利益而不是今天的營業額。你必須持續擴張開發品類，大家相信你是品類王，告訴大家公司真正的價值來自於品類的潛力、公司在品類的位置，和公司履行承諾的能力。要一邊做這些事然後還要一邊阻擋公司內四面八方的萬有引力，對很多執行長來說並不容易，而品類設計正是執行長的好幫手。

缺乏品類設計的公司要成為品類王，唯有仰賴執行長的人格特質或是純粹的幸運。品類設計能增加執行長及公司打敗萬有引力的機會，取得品類王的寶座。

執行品類設計

從公司觀點傳達並且領導團隊採納的第二天，公司就該進入執行模式。這時候品類設計的工作不再集中於領導層裡的少數幾人，而是擴散到公司裡每個角落。當我們與公司合作時，品類發掘和公司觀點通常是有趣的部分，所以客戶見我們是都滿心歡喜，迫不及待想知道下一步是什麼。接下來的工作則是徹底落實品類設計。

有一套有效執行品類設計的機制，我們稱之為「閃電戰」（本章和下一章的內容其實應該同時進行，但既然這是一本書，我們只能寫成先後兩章，所以在下一章裡你也會讀到閃電戰）。當我們和執行高層一起合作時，每當公司觀點標記「完成」，大衛會馬上招集領導團隊開會決定接下來的三到六個月之間發動閃電戰的日期。閃電戰是一次華麗登場的活動，要藉此贏取顧客、投資人、分析師、媒體的注意，然後嚇阻其他可能的潛在對手。這是一場高度集中公司資源的密集戰，和傳統的花生醬行銷手法完全相反。後者是長時間大範圍地在各個媒體和公關管道做宣傳，希望其中幾個能夠發揮效果。花生醬行銷在這個媒體管道目不暇給，又到處都是要搶版面的新創公司的年代已經不管用了。

進行閃電戰必須克服很多雜音。這場戰役其實是有些行銷人稱為「空中戰」（意指能改變潛在客戶想法，讓客戶接受公司產品的行銷活動）的震攝版本。聰明的公司知道必須空中戰和地面戰（「地面戰」通常指的是實際和業績有關的操作，包括客戶開發、業務電話、簽署訂單等）雙管齊下才能改變客戶的想法，進而改變他們的購買習慣。閃電戰就是空中戰的第一記響砲。

有些厲害的閃電戰是趁勢利用大型活動，像是產業研討會或是貿易展，因為保證會有很多目標客戶在場。Sensity就是利用二〇一三年的國際照明展發動閃電戰。另外一種策略是創造你自己的高調強力活動，可能是以你要解決的問題為核心，邀請意見領袖和潛在顧客做一場「高峰論壇」。不管哪一種，重點都是找出對的時機。規劃你的活動像是好萊塢規劃賣座強片造勢活動的邏輯一樣：成敗就看這一刻，能有多喧囂華麗就多喧囂華麗，務必整間公司百分百投入。

為什麼要在六個月之內？因為現在新品類成熟的速度越來越快。既然只有一位王者能夠享受到大部份的品類經濟利益，你必須快快發聲，否則將錯失良機。沒有時間可供浪費。三到六個月的時間足夠公司規劃出一場成功的活動，又不至於因為準備時間過久而模糊了焦點。我們發現越快做完的成果越好，如果你看到文件已經出現「第二十一版」，那肯定內容已經被改得面目全非了。迫近的期限也能避免活動主題過於發散還有決策拖泥帶水。

最重要的是，請記得閃電戰不是「行銷活動」，而是「企業活動」；這就是閃電戰可以驅策公司每個部門動起來的原因。當品類定義完成，願景也確立了，公司將用閃電戰向世界昭告我的品類和願景是真的，是即將到來的，也是無可避免的。產品不能只是一堆大雜燴，必須運作良好，和公司願景相呼應。公司其他部門在閃電戰時則要堅守公司觀點。業務團隊必須熟悉使用案例和產品內容，而且要能和公司觀點結合；在閃電戰時，行銷、品牌、視覺設計、社群培養和廣告等部門都必須和產品跟公司觀點完全同步，公司策略和財務策略也要和公司觀點同步。每一名員工在閃電戰前都要徹底瞭解公司觀點，了解自己的工作對產品、公司、品類的願景能產生什麼影響。

其他應該在活動前準備好的事項包括：撰寫新的銷售文件，準備閃電戰相關的媒體材料，配合公司觀點來更新品牌訊息，幫助產業分析師了解你的使用案例、公司、品牌策略，確立要達到成長指標所需要的成長策略，確認公司網站能完美表達公司觀點並且能在閃電戰時發揮最大作用。這時期的工作流程可能顯得混亂，因為每件事情彼此間都息息相關：行銷必須做好功課，業務才知道怎麼準備銷售演說；產品規劃部得寫好使用案例，行銷部才能用對的方法向對的客戶溝通，諸如此類。由於時間緊迫，每件事情幾乎要同時完成，但還是要照著正確的先後順序。這時還需要某位公司裡廣受尊敬的人出來做跨部門的專案管理，當然，這是件苦差事。雖然每間公司的待辦事項和流程都不一樣，但最後，閃電戰一定是品類設計每一面向集體合奏的一刻。閃電戰成功，那就等於是品類王的加冕典禮。

這就是你應該在公司觀點確認後馬上訂下閃電戰時程的原因。日期訂了，倒數計時開始，各路人馬自然展開行動。這才是真正的公司總「動員」。就像聯軍訂下了進攻日，然後從進攻日期開始反推所有準備的前置作業，如果到了進攻日一切還沒準備好，整個行動自然兵敗如山倒。

當你啟動整個動員行動後，幾種現象也會自然浮現。在我們的經驗裡，通常動員期會在公司內部創造一股共同的使命感——一股戰亂時的同袍情誼。這股使命感也會逼走公司內的阿炮。隨著越來越多員工團結擁護公司觀點，那些拒絕接受甚至試圖破壞任務的人也益發無所遁形。阿炮無法藏身於正在籌備閃電戰的公司裡。另外，籌備閃電戰其實反而提升了員工的生活品質。所有事情的優先順序非常明確，該先做什麼、該把什麼放一邊變得一目了然。員工也能名正言順地放下手邊的蠢事，因為沒時間了。員工的表現績效也不再只看工作量，而是評估工作是否對閃電戰有實際助益。

執行長必須暫時把所有政治考量拋開。他是唯一能夠讓所有部門把閃電戰當成首要任務的人；他不只得對閃電戰充滿信心，還要扮演首席品類長的角色。如果執行長自己搖擺不定、三心二意，不願意給充分資源，或是允許公司某些部門不參與閃電戰，結果註定失敗。

許多執行長沒想到的二三事

我們敢說大部份讀到這個部分的人都還沒實際寫下品類藍圖，做好品類專有詞彙，仔細思考過品類使用案例，或是畫好整個品類的生態系統。我們會一一告訴你這些是什麼東西，還有為什麼你應該要在閃電戰之前準備妥當。這些不是浪費時間，沒事找事的工作，而是跟電影開拍前要寫好劇本跟故事大綱，不能讓演員隨意亂演一樣的道理。好消息是，大部份的資料其實應該已經在公司裡，俯拾即是。希望你在準備這些項目時能夠利用已經做過的功課，加以整理並且有系統的組織起來。

我們知道接下來的一大堆待辦事項可能會把你嚇得頭昏腦脹，建議你讀到中間休息一下，順便開一瓶有酒精成份的飲料配著喝。

假設你已經完成了觀點，也設定好閃電戰的日期。正當每個部門開始規劃自己負責的部分，領導團隊應該坐下來鉅細彌遺地想像公司試圖創造的品類。但光想像還不夠，你要化無形為有形。我們建議你製作以下四份重要文件：品類藍圖、產品專有詞彙、顧客使用案例、品類生態系統。如果你的新創公司資金充沛，那這些文件應該要看起來專業精美。但就算你是兩個人窩在車庫創業，或是自己單打獨鬥發展事業，也應該拿張餐巾紙寫下來。重點是你逐一仔細思考過並留下記錄。

品類藍圖：品類王在同一時間內設計產品、公司，和品類。藍圖標記了品類設計的開始。如果你要的是「不同」而不是「更好」，如果你想把非共識變成共識，那表示……你的品類還不存在。你必須發明它，設計它。所以你得把構想寫在紙上，讓員工、客戶、投資人、分析師、媒體都能了解這個品類如何運作，你在裡面扮演什麼角色。很多公司會製作產品路徑圖詳細說明產品的走向和最後的版本大概如何。品類藍圖和產品路徑圖異曲同工，只不過主角是整個品類。

藍圖是針對產品和服務未來如何發展的設計。藍圖應該清楚和客戶溝通品類王能夠提供什麼樣的產品和服務。公開上市公司不能公佈自己的產品路徑圖，因為那是未來的發展計畫。但是上市公司可以公開也應該公開品類藍圖，用意是讓社會大眾對品類的未來有正確期待。這和公司承諾提供何種產品無關，只是公司希望能實現的品類願景。發表品類藍圖的好處之一是可以嚇阻對手，對方看到藍圖會認為你已經把一切都規劃好了。微軟在巔峰時期深諳此道；只是敘述「電腦作業系統」品類將如何發展，潛在競爭者就以為微軟已經做到，很多人於是放棄並退出市場。品類藍圖也是主導趨勢的工具，品類該往哪個方向發展的控制權將會在你手裡。我們甚至看過某間公司把品類藍圖放進首次上市的招股書中。之前講過，最懂得描述品類的公司，最有機會能稱霸該品類。

每一個品類的藍圖都不同，敘述方式也各有千秋，但關鍵是當外部觀眾看到文件時能明白你確實認真思考過品類的發展，而且你有一套執行計畫。這是你的公司成為業界領袖並稱霸品類的重要步驟。

產品專有詞彙：產品藍圖常常在公司內引起「糟糕了！」的反應。因為前者明確指出公司應該提供什麼樣的產品，於是和現有的產品一比大家很快就發現不足、不正確，或是包裝錯誤之處。因此你必須坐下來好好從藍圖的角度檢視所有的現有產品。也許你需要把其中一項功能拉出來做成獨立產品，另外給個名稱；也許你需要把產品拆成幾個部分，個別重新命名、重新定價，或者換個方法組合成新產品。基本上，這個部分的目的是拆解你的產品，在藍圖裡標註好每個部分，最後重新組成符合你設計的品類的產品內容。過程中，你將會視需求而重新包裝並重新定價你的產品或服務。

最後你完成的文件就是產品專有詞彙。每項事物都有共同的詞彙是重要的。產品專有詞彙就是你的「標準」，詳細記錄解決方案裡的每一個要件，還有這些要件在品類裡的角色。語言事關重大，品類王要掌握品類語言。產品和功能的命名能夠影響別人的評價。所以汽車行如今不賣二手車，而是中古車；國會議員也很難對「愛國者法案」投下反對票。如果你希望世人能看到你的產品創意，請賦予它一個和品類藍圖相呼應的創意名字。

使用案例：當公司深入審視自家產品，製作產品專有詞彙的同時，你也應該透過品類藍圖的角度對外仔細觀察客戶。如果品類如你所期望的發展，顧客將如何使用你的產品？正統科班出生的行銷人都會製作使用案例，目的是辨認誰是目標客戶。在品類設計裡，使用案例則是幫助整間公司更明白如何設計產品和公司才能更符合品類的長遠需求。

先找出誰是目標客戶，然後找出一個新成功品類的要素有哪些。舉個例子，新的品類通常是指用新方法解決問題，所以：問題是什麼？你會如何解決？你希望客戶體會的始末是什麼？最終的益處在哪裡？再次強調，公司裡的許多人可能都已經深入研究過這些問題，盡可能把大家的想法找出來：業務檔案、使用經驗研究、市場區隔分析、行銷企劃等等。使用案例越明確越仔細，你的行銷和業務就能做得越好。沒有使用案例的話，就好像把你的團隊送入叢林打獵，只交待他們要帶著食物回來，但他們對於該往哪兒走或是用什麼武器毫無頭緒。如果他們知道狩獵目標是雉雞，那一切就容易多了。所以，寫的越明確實際越好。

再次強調，不論你喜歡什麼形式，重點是深思熟慮然後記錄下來。這個舉動能澄清許多不清楚的地方。利用閃電戰的動員力量找出問題點，然後加快行動腳步。請別花上六個月寫這份報告，在閃電戰準備期，所有的工作都必須又快又好。

品類生態系統：藍圖定義了品類的結構，產品專有詞彙是從品類角度來描述你的產品和價格，使用案例則定義了品類的客戶和客戶的困擾。最後一份文件則是關於所有品類發展中會出現的外部單位。我們稱為品類生態系統，找出生態系統能幫助你瞭解該如何發展及主導你的新品類。

每一個健康的品類都會衍生出一套健康的生態系統。其中角色包括第三方開發商、幫助客戶導入你商品的顧問公司、販售消費性商品的店家、資料或內容供應商、各類合作夥伴，甚至包括競爭對手。Salesforce培養出龐大的生態系統，許多個人和公司的收入都仰賴它。從Salesforce每年的夢想力大會能吸引十五萬人參加就看得出這個生態系統具體規模多大。

VMWare早期就著手打造生態系統，推出模擬主機軟體的認證訓練課程，並且推廣VMWare大會，後者每年約有兩萬名在此生態系統內的成員參加。網飛的生態系統包括電影院、原創內容供應商、網路電視製造商，還有美國郵政局（寄送光碟）。伯德埃冷凍食品在將近一百年前發展自己的生態系統，包括了鐵路公司、雜貨店、農夫，和冷凍櫃製造商。

沒有公司可以獨立存在，每間企業都處於生態系統內。事實上，一個充滿活力的生態系統裡一定要有品類王。萬一品類王腳步蹣跚，生態系統還能夠給予支持。生態系統是品類的主要組成物，整個生態系統其實是品類王的功率擴大機。

不過既然品類王定義並且控制品類生態系統，大家勢必要遵守品類王的遊戲規則。也就是說，競爭對手也得照品類王的規矩，這對王者是莫大的優勢。任何生態系統都有中控點，站上中控點的單位能發揮極大的影響力。蘋果的iTune就是所有進入蘋果設備（iPod、iPhone、iPad）媒體內容的中控點。沃爾瑪則是所有想在美國市場銷售的實體貨物的巨大中控點。彭博（Bloomberg）讓自己成了所有資訊進入華爾街前的中控點。中控點是收取費用賺大錢的絕佳位置。希望藉由設計你的品類，你能夠擁有中控點。

基於種種理由，請你務必深思然後明確規劃出你所要創造的品類生態系統。如果你知道生態系統應該是什麼模樣，自然更知道該如何開發。而開發生態系統的起點就是閃電戰，作戰日就是生態系統誕生的第一天。

我們相信在閃電戰日期確認後儘速準備好上述四項文件是很重要的，因為每項文件的準備過程都會引起許多連鎖反應。這些文件不但是閃電戰的內容，也能在萬有引力拉扯各部門時提醒大家莫忘初衷。雖然觀點奠定了公司基調，但卻是從非常宏觀的角度。品類藍圖、產品分類名稱、使用案例、品類生態系統則是具體落實到公司的策略及戰術。

品類設計到了這個階段會需要大量的高難度思考和決策，但這正是品類設計流程對你有幫助的原因。這個時點上你已經定義了品類，寫好了能引領公司策略的觀點。然後你啟動了閃電戰計畫，驅使公司全體動員，完成任務。在動員過程中，你製作這一系列相關文件讓公司裡的每一份子都知道品類將如何運作，自己的角色是什麼。這一切都是具體、可執行的品類王策略。

如果你領導的公司正處於這個階段，請小心觀察並留意動員期對大多數員工的影響。動員對員工來說可能是解放，因為每個人都放下原本的工作專心在閃電戰上。另一方面來說產品和工程團隊卻可能被壓得喘不過氣來。當你不得不和他們溝通他們精心孕育的孩子其實還得要更高更聰明，甚至得換個名字時，請小心處理。如果你有幸延攬到世界上最菁英的工程師來幫你，他們對產品一定投入深厚感情而且以產品為傲。所以要尊重他們的感受，每次會議都要謹記這一點。

另外，對敏捷式極致軟體編碼（Agile and Extreme programming）工程師的抗議請做好心理準備。他們會說，敏捷式開發法本來就不適用藍圖規劃。所謂敏捷式極致是指在每一段為期不長的衝刺期內快速完成符合要求的產品。你會聽見如下意見：「我們從沒規劃過未來六個月的事，更別說十八個月。」但是品類設計就是要在速度和願景間找出平衡。在這個時代，人人都可以求快，但品類王為了更遠大的目標則要控制好自己的速度。

產品部門主管可能會抗議動員工作需要大量人力資源，而且會影響原來的日常工作進度。這是自然反應，但這也正是閃電戰想要對抗的萬有引力。當離進攻日只剩下三個月，公司領導可以直接宣佈一切與閃電戰無關的工作先放在一旁。

業務團隊也有很多機會可以攻擊動員工作，不管是季度業績檢視會（QBR），週一早上的電話會議，或是季度結算前寫給財務長的信上。他們可以輕易把訂單爭取失敗的原因推到品類設計上頭。公司領導人必須深入瞭解其中的矛盾，在打造品類的同時，找出短期內不能省略的工作界線在哪裡。某些極端狀況下，公司可能要為了未來的理想先犧牲眼下的營收或利潤。

萬有引力時時刻刻從各種可能的面向阻擾公司總動員。你必須在現在不得不做的事，和對未來發展有幫助的事之間找到平衡。

如果不適合，到了品類設計的動員期，所有真相都會水落石出。領導團隊在發掘品類跟撰寫觀點時可以隱瞞自己真正的能力、資源、拼勁，和勇氣。但到了動員期，謊言一定會被戳破。無法使用的產品、糟糕的市場行銷、程度不夠的工程團隊、亂開空頭支票的業務、燒錢速度太快等等所有擋在閃電戰前面的阻礙將一一暴露。如果領導團隊裡有人承受不了壓力，會馬上原形畢露。我們看過很多執行長在這個階段像夏天街頭的冰棒一樣不堪一擊，最後公司只能把活動拉長成一到兩週的普通行銷活動，根本不是閃電戰。

最關鍵的問題是：你創造出來的品類策略和公司是否相配，有做到企業／品類契合嗎？可能願景太過宏大，就像十三歲的小男孩偷穿爸爸西裝參加舞會；也或許願景太狹隘。這些你在籌備閃電戰的過程裡一定能看得出來。同一個問題你可能會聽到不只一次，因為每個準備項目都和另一個息息相關。於是你必須評估，因為問題總是會發生，但這是可以被解決的問題，像是你必須開除一位阿炮然後找到替代人選，還是你發現有一大群阿炮正在破壞公司的計畫？產品的規格問題可以靠一流的工程團隊解決，還是你高估了自己的產品開發能力？

我們曾經和某間公司合作，在此不提名道姓。該公司到了這個階段發現自己規劃的願景外衣大概比公司真正的體型大了四碼。他們已經寫好了觀點也進入了動員期，結果執行長抵抗不了萬有引力，他也在今天的市場營收和明天的市場潛力之間掙扎，而且他喜歡「更好」多過

「不同」，所以始終無法真心誠意地接納並推廣新品類。他的團隊也知道老闆的意志不堅，於是大家都開始做壁上觀，沒人行動，只是等著看品類設計的工程會不會真正落實。公司的其他部門自然不會主動開始工作。最後公司只好縮小自己的觀點，縮到只剩下「更好」，對市場沒什麼影響力。我們對於該公司最後能否成為品類王抱持懷疑態度。當然這也無妨，並不是每間公司都能成為品類王。

發現觀點過於宏大，其實還有另一個解決辦法。你可以承認「目前」觀點的確超出公司能力範圍，但是公司會成長。我們可以先略微修改觀點，但是把大願景收在自己口袋裡。傑夫．貝佐斯一開始並沒有把亞馬遜的觀點寫成要做最厲害的零售商，當時市場上還有沃爾瑪。他先從成為世界上最大書店的觀點做起。貝佐斯經常提到公司名字背後的意涵：亞馬遜是世界上最大的河流，而亞馬遜網站要做世界最大的書店。當貝佐斯達成早期的觀點後，他繼續擬定更遠大的觀點。臉書剛創辦的時候，馬克．祖伯格也可以發表他希望用這個平台串連世界上所有人的雄心壯志，但這對一個剛萌芽的公司來說太沈重。所以臉書的早期觀點只是串連起所有大專院校學生，而祖伯格始終把他真正的願景收在心底，直到時機成熟才正式用做公司觀點。

當然，我們希望你的觀點非常合身。通常一定會發現需要修改之處；你可能要換掉一些管理階層或是先捨棄一些做不到的產品功能。如果你的觀點展露的鴻圖大志和公司契合，你會在準備閃電戰時感受到一定的壓力。你的營運長可能會像企業號星艦的總工程師史考特一樣疾呼：「艦長，它不能再快，再下去就要爆炸了！」但只要你對公司有信心，知道緊繃只是公司向前衝的暫時影響，那就全力前進，打一場漂亮的閃電戰。

萬有引力的兩則故事

為了更具體解釋萬有引力，我們要告訴你兩則故事。一則就發生在我們自己身上。這個故事發生在巨集媒體的Flash多媒體軟體開始走下坡的時候，你應該還沒聽過我們的版本。另一則故事是關於公司排除萬難克服萬有引力後浴火重生的經典範例：克萊斯勒箱型轎車（minivan）。

網際網路剛開始進入一般日常生活時還無法順利傳送圖片，更別提聲音檔和影像檔。住宅用撥接器的速度連傳送小圖都很吃力。一九九六年，巨集媒體買下一家圖像公司，FutureSplash，然後把該公司的產品發展成動畫影像檔的處理工具名為Macromedia Flash，還有使用者可以下載到個人電腦裡的播放器軟體Flash Player。巨集媒體和數個受歡迎的瀏覽器達成協議，同意內建Flash播放器在瀏覽器內，包括網景（Netwcape）和微軟，所以內容供應商只要用Flash來編輯就可以在大部份的瀏覽器播放，一時之間Flash儼然成了網路影像的標準格式。「我們一手培植整個生態系統，所以沒有人能打進市場，」當時的執行長羅勃・伯格斯（Robert Burgess）說。隨著寬頻網路在二〇〇〇年開始普及到一般住家及辦公室，巨集媒體已經成了網路影像軟體的絕對王者。Flash霸佔整個市場，在消費者市場一呼百應。同時擁有軟體開發工具和播放器意味著巨集媒體掌握了中控點，即使是微軟也得妥協。

二〇〇六年左右阿爾任職巨集媒體，當時公司剛被Adobe併購，市場局勢因為數位影像的出現而起了變化。二〇〇五年出現的Youtube一飛沖天。網路影片的發展本來是忽冷忽熱，但Youtube把該品類變成子彈列車。二〇〇六年七月Youtube宣稱每天有六萬五千段新影片上傳至該網站。不久後，谷歌在同年十月份以十七億美金收購Youtube。Youtube用的是Flash，被谷歌併購後的Youtube突然在影像播放軟體這種事上有了莫大的影響力。在此同時，第一波智慧型手機問世而諾基亞仍然統治著手機王國。日本的NTT DoCoMo和KDDI則以Flash內容為基礎，在世界上率先創造出成長快速的數位生態系統。Verizon和AT&T無線結合兩家公司在美國電信市場的影響力，專心針對智慧型手機用戶開發新的「上網服務」。在此市場背景下，蘋果電腦開發了iPhone，後者於二〇〇七年上市。

萬有引力就是在此時開始在Flash上作用。當時已知的市場是個人電腦和筆記型電腦，透過瀏覽器看影片。巨集媒體大部份的公司資源都是在耕耘這個生態系統。Youtube要求提升影像畫質，所以Flash團隊自然而然致力於滿足客戶需求。那時巨集媒體已經看出行動市場的崛起，也計劃開發手機用的Flash行動版本（稱為Flash Lite）。即使如此，萬有引力仍然把公司拉向諾基亞，也就是現有市場的需求。Verizon和AT&T提出的需求是讓多媒體檔傳輸時不要佔據太多頻寬。然後賈伯斯拜訪Adobe說明他的iPhone計劃；當時蘋果在市場上無足輕重，也還沒進入行動市場。賈伯斯希望Flash在iPhone上的執行效果能夠和在筆電上一模一樣。在當時這是個大難題，因為智慧型手機的運算效能並不高。來自不同客戶的不同需求漸漸堆積如山。萬有引力把團隊資源拉向了眼下的合約、承諾、營收，這在當時看來是非常合理的決定。針對蘋果所提出的要求，希望Flash能在首代iPhone上完美執行，公司最後分了四名工程師負責這個案子，現在看來這樣的人力資源簡直是杯水車薪。

阿爾當時在領導團隊裡也是受萬有引力影響的一派，他投票贊成把大部份的Flash資源挹注在現有客戶和公司的Creative Suite產品，犧牲iPhone。一個人在職場總是做過幾個悔不當初的決定，這絕對是阿爾的其中一個。

當賈伯斯發現Flash在iPhone執行速度不如預期而且消耗過多運算資源後，馬上發誓絕不會讓Flash拖累到蘋果的行動設備。後來iPhone和iPad席捲市場，Flash缺席，談判籌碼換到了蘋果手裡，越來越多開發商和內容供應商轉移到蘋果陣營，放棄Flash。曾經叱吒一時的巨集媒體成了萬有引力的受害人；任何品類王都可能被這股引力拉下王位。

一九八〇年代，Flash啟示錄的二十年前，克萊斯勒成功抵抗了萬有引力，開發出底特律有史以來最「不同」的車型之一。事實上在克萊斯勒之前，通用汽車和福特都有開發介於汽車和貨車之間的迷你廂型車計畫，但是萬有引力讓這兩個計畫胎死腹中。通用決定把資源拿來開發小型車以對抗來勢洶洶的日本汽車（現在看來這真是個壞決策，因為當時日本已經是小型車的品類王）。至於福特，這間領導品牌始終鼓不起勇氣開發「不同」的商品。克萊斯勒能戰勝萬有引力的重要原因有二：執行長李．艾科卡（Lee Iacocca）願意把事業賭在「不同」的商品，然後，克萊斯勒當時已經跌到谷底，光靠現有的資源或時間絕對不可能拿出足以力挽狂瀾的「更好」產品。基本上，一九八〇年代初期的克萊斯勒和很多今日新創公司的處境相同：一切成敗都要看公司能不能定義出、開發出、稱霸一個新品類。「當時很多人都覺得克萊斯勒已經是過去式，」迷你廂型車工程師之一的葛蘭．嘉納（Glenn Gardner）回憶道，「我們迫切需要深植人心的成功案例。」

當時艾科卡先進行了人口分析，發現戰後嬰兒潮一代已經進入為人父母的階段，據此他描繪出一個需要新車型的品類情景。這成為克萊斯勒的公司觀點。迷你廂型車的定位必須比掀背車高級，也就是一台有廂型車空間但是又有轎車舒適度及功能的車輛。可是，車輛高度又不能超出一般住宅的車庫高度，而且從駕駛座要能看見車頭，方便駕駛停車。這些條件加總起來等於一台轎車型廂型車，在當時是前所未見的概念。為了生產這台獨樹一幟的產品，克萊斯勒先得重新翻修位於加拿大安大略省溫莎地區的工廠，端出為公司觀點量身定做的行銷計畫，訓練上千名汽車業務員如何銷售新車款，而且同時間還要確保工程團隊不會偏離「不同」的軌道。整個計畫的成本驚人，在當時大約七億美金，約等於二〇一五年的二十億美金。艾科卡決定先犧牲今天的業績，挪用公司其他計畫的資金，因為他相信明天的燦爛成就。「艾科卡力挺整個計畫，」當時負責克萊斯勒生產營運的史蒂芬・夏夫（Stephan Sharf）說，「當時我們資源有限，而且還有很多其他的訂單需求。」

當時萬有引力的作用非常強大，很有可能破壞這項計畫。但是艾科卡不斷推廣，不斷帶著公司往前衝。整個公司於是真心相信。同事之間出現革命情感，因為大家的目標都是做出「深植人心的車子」。

克萊斯勒在一九八三年發表迷你廂型車系列，贏得品類王應有的成績。評論家和買家很快瞭解迷你廂型車所要填補的「匱乏」：如何優雅地載送一家大小。迷你廂型車銷售量在一九八四年攀升到十九萬輛。十年後，每三個月就能賣到十九萬輛。迷你廂型車自成一個品類，所有大競爭對手如通用、福特、本田、豐田，全都加入戰局。競爭對手每推出一款新的迷你廂型車就增添了這個品類對消費者的吸引力，但好處其實都流入品類王的口袋：克萊斯勒在推出此系列的三十年之內都佔有大部份的市場和利潤。二〇一四年，光是克萊斯勒的兩款迷你廂型車town&country和道奇Grand Caravan就佔了整個美國迷你廂型車市場的四九%。本田攻下二三%，豐田拿了二二%，其餘各家總和共計六%。

萬有引力的確破壞力十足，但如果你能動員全公司擊敗它，一切辛苦都是值得的。

玩更大的動員期行動方案

第一步：誰？

動員要成功有兩大關鍵角色，第一位是執行長，除了他沒有人能夠要求全公司投入動員工作並且一路堅持到終點。執行長一定要完全相信品類設計計畫，在公司和整個生態體系裡不遺餘力的宣傳，並且在執行時給予最大支持。

第二位則是閃電戰的總指揮官。必須要有一個人負責追蹤每件事情的進度和彼此的連結，當事情一不對勁就提出警告。總指揮官不應該是執行長（他沒時間），但是要直接報告給執行長。或者，可以是其他的領導階級像行銷長、科技長、財務長等。

第二步：展開閃電戰準備工作

公司觀點確認後，馬上規劃三到六個月之內的一個日子發動閃電戰。找找是否有可以利用的活動，或是任何選擇該日期的理由。

再來，決定閃電戰的主軸為何。誰是目標對象？針對不同目標的始末各是什麼（關於此部分下一章將會詳述）？當天要揭露什麼訊息，如何揭露？要準備好哪些銷售方案？要如何傳達公司對於品類的承諾和觀點？這就是你的進攻日，選好日期，想好該準備什麼，然後開始反推每件事必須準時完成的日程。

第三步：動員每個人

知道閃電戰的主軸之後，你得決定為了成功出擊，公司各個部門的任務是什麼。把每個部門的主管都拉進來，針對他們各自的角色賦予明確任務。務必確認每位員工都體認到閃電戰的精神，所以大家都清楚自己扮演的角色。

在此同時，執行長也要留意阿炮和所有應該趕快解決否則會破壞閃電戰的問題。

第四步：製作四份重要動員文件

你正在同時設計產品、公司，和品類。設計品類該做的就是，詳細寫出品類藍圖、產品專有詞彙、使用者案例、品類生態系統這四份文件。拿出能吸引目光的圖片讓觀眾了解一旦你成為品類之王，順利解決品類問題時會是什麼景象。不要侷限在你的公司，而是要想像世界上出現了這個健康新品類後的模樣，你則是該品類的領導者。想辦法證明給投資人、客戶、競爭對手，讓他們了解你已經做足準備功課，也知道該怎麼走下去。這將會嚇阻潛在競爭對手。

第五步：檢視觀點是否合身

在動員期，所有真相都會水落石出。每個人都無所遁形，所有問題也會被攤在陽光下。公司的真正實力究竟在哪裡到此時已經一目瞭然。執行長必須留心種種訊息，而且更重要的是，評估自己到底能不能執行這套品類王策略。

拿公司的能力和觀點比較，看看是否彼此相符。如果觀點超過公司能力所及，請修改公司觀點，把願景規模縮小。

有些時候，公司能力遠遠超過觀點的規模，這表示觀點太保守，是時候檢視公司是否需要一個更宏大的目標。

第六步：留心各種問題

如果你聽見工程師說動員籌備工作要花上六百個工作小時，翻成白話就是：「去你的，老子不做。」

如果阿炮缺席會議，這就是他搞破壞的方式。阿炮經常利用沒出席會議和沒參與到決策過程做為自己袖手旁觀的藉口。

如果團隊中有人不知道所有的重要決定，還有自己負責什麼角色，表示動員總指揮官沒有做好他的工作。

如果執行長沒有在每一場高階會議追問閃電戰的籌備情況，那公司最後做出來的只會是一場行銷活動，不是另闢新局的閃電戰。

如果董事會成員不懂為什麼公司要花資源準備閃電戰，他們將在看到「行銷」開支的數目時大發雷霆。

如果業務團隊從來不說出對行銷團隊的意見，只是最後抱怨「客戶不喜歡我們的訊息」，表示這些業務人員達不到業績目標而且會拿籌備工作跟閃電戰當藉口。

如果你是執行長，一旦看到公司裡出現上述任何一種情況，請加倍努力推動你的品類策略。

第七步：做到底

你最大的挑戰就是讓每個人都專注於閃電戰，每件事都準備妥當，每個人都做好自己的工作。這需要高明的管理技巧和龐大的工作量。就像星艦迷航記裡的企業號，每次飛得越快、離目標越近壓力就越大，簡直到了要爆炸的地步。繼續走下去，繼續做下去，堅持到最後，必要的時候盡量發揮創意，時時提醒自己真正的目標，然後，相信閃電戰會開始讓整個宇宙繞著你運轉。

第七章

調整市場來接納你的進擊

贏得注意力的方法

Sensity這間新創公司成功做了一次極為大膽的進攻，建立了名為照明感應網路的新品類，讓通用、思科、飛利浦這些大公司措手不及，於是只能被動回應，順著Sensity規劃的路走。二〇一三年，「照明感應網路」一詞從無人知曉到全球討論的話題只花了一個星期。Sensity就是在這個星期裡打了一場堪稱傳奇的閃電戰。

前一章我們討論到如何動員全公司一起籌備閃電戰，但還沒解釋閃電戰本身的內容，它的影響，還有該如何乘著閃電戰的氣勢一舉成為品類王。這是本章的主題，就從Sensity的故事開始說起吧。

我們不斷提到，閃電戰是大投資，所有的公司資源都要集中使用才能突破市場重圍，調整市場心態。Sensity手上其實沒多少資源可以集中。這家七拼八湊的新創公司前三年叫另一個名字，Xeralux，當時自我定位為LED照明公司。然而執行長休・馬丁（Hugh Martin）心裡有個更遠大的計畫。他發現LED照明設備可以裝配能感應動作、瓦斯、聲音、天候等等的感應器，於是照明系統搖身變成分散式資料收集系統。比較小型的應用可能是購物中心用來偵測停車場是否已滿，如果裝置規模大至全球，甚至可以觀測人口流動的趨勢或偵測地震；這遠遠超出照明的功能範圍。這是一個新品類，是照明、網路、資料系統的匯合。在公司內部，馬丁和團隊完成了品類定義，稱之為照明感應網路。他們撰寫出公司觀點，把名字從Xeralux改成Sensity。然後這間小公司跟它名不見經傳的新品類面臨了一個大問題：該怎麼在市場裡脫穎而出？

二〇一三年一月，馬丁和行銷長李・艾美（Amy Lee）在日曆上圈下了二〇一三年四月二十三日。那一天，全球照明設備商和客戶都會飛到費城參加一年一度的國際照明展。這正是Sensity進攻的好時機。如果一切順利，只有四十三名員工的Sensity將能把持整個展覽，把大家的注意力轉移到照明感應網路上。

從決定日期到發動日只剩下四個月的時間，整間公司也像我們上一章所解釋得那樣動員起來。馬丁和李積極聯絡了幾位有名媒體記者，希望至少有一位能夠在展覽當天做一篇關於照明感應網路的報導。華爾街日報的唐・克拉克（Don Clark）覺得這個題材很有趣，同意在四月二十三日做這篇報導，前提是他必須是獨家採訪。每件事情似乎都順利進行著。然後，毫無意外地，發生了一連串出乎意料的事。

機緣巧合下，Sensity和當時的薩爾瓦多總統卡羅斯・毛利西奧・富內斯（Carlos Mauricio Funes Cartagena）有了聯繫。曾經做過記者的富內斯一聽到Sensity和照明感應網路的事，就告訴Sensity希望能把照明感應網路引進薩爾瓦多，改善該國的安全和監控國家港口。富內斯在四月中時本來就有計畫出訪華盛頓，所以安排了四月十八日和Sensity一起做一場聯合聲明。Sensity欣然接受，認為這場聯合聲明將會是閃電戰的完美前奏。

然後，二〇一三年四月十五日，兩枚壓力鍋改造的土製炸彈在波士頓馬拉松的終點線附近爆炸。這場血淋淋的事件和整個追緝兇手的過程深深震撼了美國社會，頓時成了美國國內最受矚目的話題。華爾街日報的唐知道Sensity的照明感應網路可以偵測異常行為模式，或許可以提前警告有關當局放置炸彈的行為，他決定這篇報導不能等，必須趕快上報。

最後Sensity的閃電戰如下：克拉克在四月十六日的華爾街日報上報導關於照明感應網路；馬丁兩天後在華盛頓特區和薩爾瓦多總統一起上台發表聲明；國際照明展則在五天後開

幕。因為Sensity對自己的品類策略了然於心，因此能夠順利把一連串意外事件當成閃電戰的一部分。到了照明展，「我們引起了大家的討論，不管任何時候攤位都擠得滿滿。」李回憶道。閃電戰的主戰役本來是安排在照明展的某個下午時段，還設置了臨時酒吧吸引人潮。李起初擔心不會有太多人過來，雖然房間可以容納三百三十八人，她只放了兩百張椅子。沒想到參加者把房間擠得水泄不通。進不去房間的人甚至就站在門外聽。Sensity像是最厲害的海盜一樣隨機應變，把持了整個星期的照明展。

最後成果呢？閃電戰後不久，紐約時報、聖荷西信使報（San Jose Mercury News），還有至少六種貿易雜誌都有關於Sensity和照明感應網路的報導。他們和薩爾瓦多的合作也帶來拉丁美洲媒體的注意，甚至在西班牙圈的社群媒體上引發討論。這種種曝光把照明感應網路拉抬成一門正統的領域。照明界的人開始使用這個詞。既然Sensity是定義照明感應網路的公司，也定義出可以被解決的問題，公司已經把自己定位成品類王。二〇一四年秋天思科公開承認Sensity是「照明感應網路的領導者」，兩家公司並且簽署「策略夥伴關係」。接下來不到一年內，Sensity獲得來自思科、Acruity Brand、通用創投、Simon Property Group合力挹注的三千六百萬美金，那時公司還是只有八十名員工。Sensity就像是十八世紀的海盜一樣，永遠領先所有國家的龐大海洋艦隊一步。而這一切，都源自於那一週的閃電戰。

撼動市場

好的閃電戰是做到界定品類的事件，能夠宣揚一個新的問題或者是能解決舊問題的新對策。這場戰役會告訴全世界你的公司，也就是發動攻勢的公司，懂得定義問題也懂得解決問題；也會讓潛在客戶相信公司對產品胸有成竹，打算加入戰局的對手則會驚慌到召開內部緊急會議。

閃電戰是指在一小段時間內的一次或規劃好的多次事件。它有多種形式；可以是把持某場重要的活動——像Sensity的做法；可以搭配新產品發表或是新一輪的募資活動；可以為了閃電戰專門舉辦一場產業論壇。後者正是二〇〇四年阿爾還在巨集媒體時採取的作法。巨集媒體發起了巨集媒體經驗論壇，邀請數百位來賓去到加州安那翰的萬豪酒店，一起探索「傳遞絕佳數位經驗的新方案」。會議講者裡包括美國前副總統高爾（Al Gore）和《體驗經濟》（*Experience economy*）作者之一的喬瑟夫・潘（Joseph Pine）。這場活動在業界菁英的心中順利營造了巨集媒體的「經驗攸關」形象。

蘋果或許是二十一世紀裡最懂閃電戰的大師。該公司每年秋天的產品發表會和夏天的蘋果全球開發者大會都已經是萬眾矚目的年度盛事，蘋果基本上是利用了自己的活動做閃電戰戰場，發表多項別開生面的產品如iPad或蘋果手錶。既然是真正的閃電戰，蘋果的每一次發表都是高濃度的重擊演出，是整間公司加上合作夥伴和生態系統彼此合作的成果。好萊塢在宣傳賣座強片上已臻化境，主要活動電影首映會能吸引媒體關注，然後整個好萊塢生態系統則卯起來宣傳，以求在上映首週末盡可能地創下票房紀錄。目的是一出場就要把電影塑造成賣座強片，那大家自然就會產生這是非看不可的賣座大片的想法。二〇〇二年，美國MINI汽車計畫在保持MINI Cooper原有的特色下，開發出一款新汽車品類：道路上最小的車，但馬力十足，充滿駕駛樂趣。該公司的閃電戰之一是在二十二個城市進行迷你車隊遊行，只不過新款迷你車是被架在休旅車頂；這麼做一來強調出迷你的車身有多小，二來也提醒大家休旅車上頭可以放很多有趣的東西像是腳踏車或獨木舟。整個迷你車宣傳活動主軸是「行動樂趣」而非一般通勤駕駛；這是一個「不同，而非更好」的觀點。

閃電戰不是新鮮事。事實上科技業最成功的一次閃電戰發生在一九六四年四月，當IBM發表System/360大型主機。在此之前，電腦體積大概和房間差不多大，每台都是手工訂製而且只能安裝特定的軟體。所以一台電腦上的資料和程式到了另一台電腦上完全無用，那時候沒有所謂的主機相容性。System/360創造一個新電腦品類：一套真正能隨著生意成長而擴張的系統。雖然IBM當時已經五十歲了，System/360仍然是一次押上公司未來的豪賭。

ＩＢＭ整間公司的焦點都集中在這上面，包括工程部、行銷部、業務部等許多部門都要同時準備好迎接產品上市。發表當天，ＩＢＭ邀請了數百位記者和客戶到紐約州波啟浦夕市的工廠參加主要活動。同一時間ＩＢＭ的員工也在全球一百六十五個城市舉行一樣的活動（一九六四年還沒辦法實況連線），整個發表會的規模刻意設計地令人仰之彌堅，目的是嚇阻競爭對手。整套System/360有六種不同運算能力的型號，不同的記憶體選擇，還有五十四種不同週邊配件包括磁儲存元件、印表機、讀卡機。ＩＢＭ執行長湯瑪斯・小華生（Thomas Watson Jr.）在波啟浦夕的活動裡宣稱這款先鋒產品「開啟了一個新的世代，不只是電腦本身，還包括電腦在商業經營、科學研究、政府部門裡的應用」。這正是你期望在閃電戰裡聽到的品類定義語言。

ＩＢＭ的活動在業界投下了震撼彈。在一個月之內超過千張訂單湧入，接下來四個月又接了千張訂單（別忘了這可是一個公司才一台的大型昂貴主機，不是個人用的玩具，所以一千張訂單可說是前所未見）。一九六六年底，ＩＢＭ已經安裝了八千台主機，並且每個月以一千台的速度出貨。ＩＢＭ在一九六六年的營收為四十二億美金，是四年前的整整兩倍。整間公司十九萬名員工裡有三分之一是在這項計畫誕生後聘入。一九六四年時ＩＢＭ有七名實力堅強的競爭對手，一九七一年時兩家已經倒閉，剩下幾家合起來的市佔率也無法和ＩＢＭ相提並論。這場System/360之戰是品類設計極致執行的成果，讓ＩＢＭ在接下來二十五年間稱霸電腦產業。

閃電戰對大腦的影響

光是二〇一五年的第二季，整個創投界就投資了三百二十五億美金在全球一千八百家公司上。這還只是一季。每一間拿到創投資金的公司，背後代表五十到一百家靠天使資金或創業人自身積蓄起家的公司。過去二十五年間，開發和推出軟體商品的成本下降了超過百倍，所以市面上越來越多產品被開發與推出。多如牛毛的公司和恆河沙數的產品及服務出現在市場上，彼此競爭著我們腦子裡的空間。只要能在大腦留下一絲絲印象，公司就能成功；做不到，註定失敗。佔據大腦空間的辦法之一，是做出極之大膽誇張的事情引起觀眾的注意，然後引導他們覺得「這間公司比其他公司明白我的困擾，他們一定有解決辦法」。

這是閃電戰的基本理論。你一定要做出能夠突破市場重圍，直達人們大腦的事。這適用於以企業為客戶的企業型公司，也適用於需要和大眾溝通的消費性公司。

但是潛入人們大腦，說服大家你的公司正在創造領導新品類這件事背後其實還有更深一層的商業理由。這些理由可以回溯至一九六〇和七〇年代間所做的研究。賴茲和屈特曾在《定位》一書中引用，他們注意到業界領袖是「能架一把梯子（也就是品類）到別人的腦子裡，梯子上牢牢釘著自己的品牌」。

另一個理由來自某次和理查．梅蒙（Richard Melmon）在加州帕羅奧圖的小酌時光，他是藝電（Electronic Arts）的創辦人之一，現在是Bullpen的合夥人。梅蒙看到二〇一〇年代的新創公司，想起他自己的事業早期時，整個科技業流行一份波士頓管顧集團所發表的研究，叫做「經驗曲線」。根據資料，這份研究表示市場領導者（也就是品類王），比起第二名的公司能夠更快速累積知識和經驗，所以能很快找出以較低成本生產較佳產品的方法，也會比競爭對手更加瞭解顧客和市場，這些因素又反過來更加鞏固公司的領導地位。波士頓管顧已經在五十年前證明了品類策略的力量。但是，就像梅蒙說的，經驗曲線的優勢從把領導者形象植入潛在消費者腦中的那一刻就開始了。「那不只是一個想法，而是物理作用，」梅蒙告訴我們：「你的大腦充滿神經元和連結，我們說的是確實把想法植入你的腦子裡，改變實際的物理結構。」只要公司能夠在潛在消費者的腦子裡植入想法，要吸引新客戶馬上簡單許多。換句話說，領導者爭取新客戶所要花的成本和難度會下降，同時競爭對手則要花上更多力氣去改變消費者的想法，於是獲得新客戶的成本跟難度隨之上升。爭取客戶方面的優勢最後甚至會帶來其他經驗曲線優勢，創造出飛輪效應，讓品類王穩居寶座而且競爭者屈居劣勢。

閃電戰是一種改變大腦思考模式，在腦中建立起你的公司是品類領導印象的有效辦法。閃電戰必須快狠準，務求在極短的時間內盡可能進攻到最多的大腦裡，快速地把競爭者趕到經驗曲線的另一端。IBM在一九六四年成功做到，蘋果在二〇〇〇年代成功做到，然後二〇一〇年代像Sensity這樣的公司也成功做到。有時候漂亮的閃電戰帶來極大的經驗曲線優勢，甚至讓競爭對手完全找不到投資者。如果你的競爭對手沒辦法從一流的創投手中拿到錢，或是競爭的產品計畫在另一家公司直接胎死腹中，那你的寶座連遭受威脅的機會都沒有。

如何瞄準

自然界的閃電從不選擇對象，只是隨機找上一片空地裡身高不幸最高的那個人。可是在業界閃電戰必須完全相反。你一開始就要清楚列出進攻目標和希望達到的成果，然後再反推出該怎麼做。

Sensity的照明感應網路產品半是照明半是網路和資料。他們可以選擇在一個企業科技會議上介紹這個概念，與會的科技人會很快瞭解照明感應網路是什麼。但是品類王要做「不同」，而非「更好」。物聯網逐漸起步的年代裡，科技人可能不覺得照明感應網路有什麼特別，只不過是剛好裝在燈具上的物聯網技術。Sensity並不打算賣照明設備給科技人，他們想把科技賣給照明人。這間公司發現在國際照明展發動閃電戰將會是照明產業的大件事，而且能在這些設計、生產、購買照明設備的人腦中輸入照明感應網路能夠解決的問題。「國際照明展的一切都和照明有關，只有我們在講感應器和網路，」執行長馬丁說，「我們覺得，如果我們好好做，二十年後這個展將會以照明網路所能貢獻的服務和應用系統為主角，不單單只是照明。」

所以Sensity事先考慮過自己的目標客群和目標效果，他們的結論是要讓照明界的人開始覺得功能薄弱的照明設備是個問題，或至少是一種資源浪費，然後照明感應網路是最有效也最成熟的對策。只要你在規劃閃電戰，一定要走過類似的思考過程。閃電戰不可能一次攻擊到所有觀眾，所以最好是在對的時間攻擊到對的觀眾，像是對的買家、分析師、意見領袖、媒體，才能讓經驗曲線開始發揮作用。

下一個問題是，你要在何時何地發動閃電戰才能攻擊到對的觀眾。有些時候這和日期有關。記得嗎？我們建議在三到六個月以內發動閃電戰，因為公司內部總動員也是閃電戰的原因之一。所以請拿出日曆，看看三到六個月之內你的目標觀眾大概會在何方。貿易展和產業活動通常聚集了很多目標對象，主題越是明確的活動，你能夠把持全場讓大家印象深刻的機會也就越高。對Sensity來說國際照明展就是完美的場合。至於超大型的展覽，像是消費性電子產品展，通常會是場災難；如果Sensity到了那種場合，只會變成滄海一粟。

貿易展和產業活動並非唯一選擇。公司可以舉辦自己的活動，邀請想要針對的潛在客戶、產業分析師和媒體。但是活動一定要做得比單純產品發表會精深才能達到效果。你的目標對象不會為了精美廣告前來，但如果活動有內容又能和業界重要人士互動，他們自然會出席。當然，還要有免費吧台。的確，這樣的活動勢必花費不小，但是比起像是全國電視廣告來說，不僅便宜得多效果也更好。

蘋果的策略是把自家重要產品發表會做成閃電戰，特別當新產品的目的是開啟新品類的時候，例如iPod、iPhone、iPad，和蘋果手錶。IBM的System/360也是類似產品發表和閃電戰的結合。不是所有的產品發表都是閃電戰，也不是所有閃電戰都一定要做產品發表。想想你的觀眾、你的時間、你的產品日程，再決定怎麼規劃比較合理。

我們也看過搭配重大募資活動的閃電戰。谷歌申請公開上市時，就利用提交S-1表格的機會宣布谷歌將成為新品類的科技公司。當時谷歌提出了「不做惡」（Don't be evil）宣言。和S-1表格一起發佈的創辦人的信開頭寫道：「谷歌不是傳統的公司。我們也不打算做傳統的公司。」這就是在表明自己與眾不同，而非更好。這家公司將由賴瑞・佩吉（Larry Page）、謝蓋爾・布林（Sergey Brin）、艾瑞克・史密特（Eric Schmidt）共同管理，而不是一位執行長。這場閃電戰完全沒有任何實體活動，而是一次著重於溝通和媒體的事件，由創辦人發起，再搭配上金融圈與科技生態系統的幫忙。有些公司則是在私募或其他重大財務里程時發動閃電戰。

你找出了對誰、何時、何地發動閃電戰，下個問題是：內容是什麼。

首先，你的內容一定要夠規模，夠大膽，夠別出心裁才能從市場裡脫穎而出並且直達目標對象的大腦裡。或許你邀請到超級講者像是美國前總統柯林頓，或是和薩爾瓦多的總統一起登台。或許你傳達出從沒人聽過的訊息（像某間公司說它不做惡）。也或許是展示令人嘆為觀止的產品（iPhone）。如果發生難以抉擇，最好選擇比較大膽冒險的那條路。別忘了，這是一場閃電戰；請不要削減你的預算然後做成花生醬行銷。你必須傾其所有，打出從天而降的一記閃電。

內容的第二個原則是先推廣品類的問題，再來才介紹你的產品或服務。利用閃電戰清楚地界定出能夠解決的問題，然後引導你的觀眾對你的解決方案產生共鳴。帶領觀眾踏上始末之旅：從他們現在已知的，到採取你的方案以後會是什麼景況。如果你在觀眾還搞不清楚問題之前就先介紹你的方案，不管你說什麼都進不去他們的腦中。問題才是打開觀眾心房的鑰匙。

別忘了活動本身必須要配合內容跟觀眾，否則訊息也會失焦。Salesforce的班尼歐夫發動過數不清的閃電戰，他寫過：「活動本身就是訊息。從講者到場地，務必確認你的每個選擇都反映了你的業務並傳達出你的訊息。」一場邀請到柯林頓的深度醫療照護高峰會，如果辦在七彩燈光的夜總會，還讓來賓酒精無限暢飲，會頓時變成笑話一場。

當你決定好時間、地點和閃電戰的類型，就該回到上一章的動員步驟，務必確認所有的準備工作都在期限前完成，例如產品運作良好，業務團隊也準備就緒。成功的閃電戰包含了空中戰和地面戰。空中戰針對大家的觀念，目的是改變人們的想法，但如果沒有地面戰在後面支援接觸客戶處理訂單，也是徒勞。

我們想再提出另一種戰術。有時候丟出一點甜頭，透露些消息給觀眾是很有效的。好萊塢就精於此道。二〇一五年星際大戰電影的預告片在上映的前半年就出現，引起社群媒體瘋狂討論。Origami在二〇一五年七月也有類似舉動，他們放出「市場訊息」一詞引起了媒體注意，也暗示了接下來他們會有正式介紹行銷訊號評量的閃電戰。蘋果不小心「洩漏」產品資訊也是讓觀眾先做好心理準備。在顧問工作裡，我們稱這類舉動為雷鳴。一個時機正確、引人入勝的雷鳴能夠讓閃電戰發揮更大效果。

結語，到了閃電戰這一天，你已經準備好賦予一個新品類生命。你發掘出也定義了這個品類，撰寫好公司觀點，依循著觀點組織起你的公司和策略，動員整間公司一起席捲市場。為了這一天，你必須做很多很多品類設計的苦工才能保證這一場閃電戰將大大提升你成為品類王的機率。這是能幫你玩更大的工作。

現在，戴上你的海盜帽，盡情進攻吧！

劫持，再劫持

我們最喜歡的冒險故事之一發生在Salesforce剛成立的時候。二〇〇〇年十二月，當時Salesforce才成立二十個月，在科技產業裡還是個無名小卒。產業巨人微軟宣布要收購Great Plains軟體。如果你換一個角度來看Great Plains這間公司，它其實可以視為Salesforce的競爭對手。Salesforce執行長班尼歐夫寄了一封信給他的員工，取笑這項交易，覺得這只是加速了軟體型客戶關係管理產品的沒落，幫了雲端型客戶關係管理產品的忙。班尼歐夫在信裡寫「微軟買下Great Plains只會帶來造成客戶極大的痛苦（Great Pain），特別是使用架構在微軟系統的軟體型客戶關係管理產品的客戶。」然後班尼歐夫把這封信分享給業界記者們，後者忍不住在故事裡放入「極大的痛苦」這個雙關語。這次戰術讓Salesforce搭上微軟新聞的順風車，而且把Salesforce的名字和微軟綁在一塊。我們稱此為劫持。要增加自己成為品類王的機會，聽明的公司不會把時間金錢浪費在美麗卻無聊的公關上。它們做的是見縫插針、銳利的公關。對剛踏入產業的公司來說，最好的公關操作手法之一就是劫持某間大公司的公關活動或新聞。

閃電戰真的只是起點，是揭開定義、發展、主導一個新品類的序幕。閃電戰落幕後公司必須孜孜不倦地、一而再再而三地、經年地執行品類策略。第一場閃電戰或許可以嚇阻競爭對手，但要殲滅對手你得一波接一波的進攻。雖然閃電戰已經把新品類的觀念放進了觀眾的腦海裡，你還是得不斷傳達相呼應的訊息加強觀眾的印象。

劫持就是一種很有效的手法。

在前面的章節裡我們提過大衛在Coverity時如何劫持豐田Prius的軟體缺陷新聞，甚至出現到電視上討論軟體測試價值的機會，進一步鞏固Coverity所創造出的品類地位。這是劫持熱門新聞的經典示範。有時候你也可以劫持你自己的活動。亞馬遜就劫持了自家二〇〇二年的公開上市活動。布萊德・史東（Brad Stone）寫道：「貝佐斯認為股票上市可以是強化消費者對亞馬遜印象的全球品牌活動。」更別提這個事件還能夠打擊當時試圖搶佔線上書店市場的巴諾書店（Barnes & Noble）。

關於閃電戰的殘酷真相是，打完漂亮的第一仗後你還是不可以鬆懈。你要忙著找劫持的機會，你要開始規劃下一場閃電戰。事實上，我們認為大概需要三至六場閃電戰才能牢牢建立起一個品類，每場戰役間隔不超過六個月。如果你是個真正的海盜，你會找出自己進攻和劫持的節奏，持續密集的提醒顧客和競爭對手關於整個品類、你定義的問題，還有你提供的解決方案。一旦你潛入人們的腦中，下一步就是向下紮根，深植在對方的記憶裡。這樣持續不斷的出擊是整間公司的任務，不是光依靠小小的行銷團隊。首場之後的閃電戰和劫持動作不可以只是行銷活動，而要是公司活動。公司傳達的訊息背後要有真材實料，所以公司不能停止動員，要鍛鍊出和承諾相符的實力。說到底，這是永無止境的全面執行。

我們是從克里斯多夫和大衛在水星互動的經驗學到了閃電戰和劫持的戰術，當時他們幫忙做了一場轟轟烈烈的活動。水星互動努力不綴地在產品和業務上努力，同時也發動共九場閃電戰，讓這間公司從二〇〇二年無人聞問的小公司變成惠普在二〇〇六年以四十五億美金收購的對象（當然過程中有點不愉快的小插曲）。

水星互動在一九八九年由曾經幫以色列軍方追捕恐怖份子的亞蘭．南登（Amnon Landan）和阿葉．范高德（Aryeh Finegold）合創。公司成立的頭一年，主要業務是無聊的軟體品質測試——通常只會出現在軟體開發部門的角落，幾乎沒人注意。水星互動很快成了軟體品質的領導公司。根據克里斯多夫所說，大約二〇〇〇年時南登想要玩更大，讓水星互動成為前五大軟體公司，於是他請來克里斯多夫和大衛助陣。水星互動開始開發更進步的技術，也併購了一些公司，加強自己能夠監控並優化企業不同層級軟體的實力。但是和巨集媒體一樣，水星開發出來的各種技術逐漸變成一堆雜亂無章的產品各自為政，無法整合成一個品類。想要達成遠大的目標，水星得找出每個產品之間的關聯，集合包裝成一則水星互動的完整故事。水星互動需要定義出新的品類，然後設計並且稱霸它。這個品類就是商業技術最佳化（BTO）。

水星互動對商業技術最佳化的觀點是，你的公司是靠軟體營運，如果軟體表現不佳那你的生意自然表現不佳。他們認為，如果你想優化你的生意表現，要先優化你的技術。水星的公司銘言變成「將資訊系統當成企業經營」。當時的時間點也正好。二〇〇〇年代早期還在從網路泡沫的餘震中慢慢恢復，大部份企業的想調低資訊部門的預算，著重在優化手上有的系統。南登、財務長道格．史密斯（Doug Smith），還有水星的其他高階主管，在克里斯多夫和大衛的協助下寫出了捕捉時代精神的公司觀點。觀點有了，剩下的就是發動閃電戰吸引目光。

商業技術最佳化最重要的閃電戰發生於二〇〇二年的紐約，那時九一一雙子星攻擊事件仍然深深牽動著每個人的心情。水星互動自己主辦一場活動，花錢請了一百五十位公司資訊長參加一個半日的活動，演講者包括史提夫．富比世（Steve Forbes）和CNN電視台當紅的商業新聞主播勞．道伯斯（Lou Dobbs）。活動最後是在埃莉斯島上晚餐，每位來賓都可以看到他們的祖先移民到美國時所留下的紀錄。那一年，水星互動的營收達到四億美金。

從那時開始，就像克里斯多夫所言，水星互動成了品類執行機器。接下來四年間每六個月發動一場閃電戰——一共九場。二〇〇三年南登正式宣布水星想成為前五大軟體公司的決心，挑戰微軟和SAP的地位。一連串高破壞力的行動讓南登上了富比世雜誌封面，成為二〇〇三年的年度創業家。「我們狠狠敲打了競爭對手、合作夥伴，和客戶。」克里斯多夫回憶著：「每件事都被包裝成和商業技術最佳化有關，永遠都是BTO、BTO、BTO。我們決定日期，選擇對資訊界重要的主題。每一次的進攻都是針對一個我們能夠用商業技術最佳化解決的問題。我們會先說明問題在哪裡，然後端出商業技術最佳化作為答案。」某一年，該公司的年度會議「水星世界」，請來艾爾頓強開演唱會。而在每一場閃電戰之間，克里斯多夫和大衛的團隊會劫持其他公司的新聞。二〇〇四年甲骨文收購PeopleSoft時，克里斯多夫借用班尼歐夫的招數，被媒體引用他說這樁併購案像是看著兩隻豪豬交配。後來，軟體工程外包到印度的概念開始走紅同時也伴隨工作外流的爭議，水星互動趁勢劫持這股風潮，把自己塑造成外包工作專家並且和印度的Wipro結盟。「我們觀察世界上正在發生的事情，然後自己找個中心位置站好。」克里斯多夫說。

我們先前提到，水星也發生過不愉快的故事。二〇〇五年，好幾家科技大廠包括蘋果，和美國證券交易委員會針對如何計算股票選擇權產生歧見。水星正是其中之一。南登和其他三位執行階層（不是克里斯多夫和大衛）被董事會開除並且接受證交會調查。水星互動的股價暴跌一半，最後整起事件甚至導致水星互動自納斯達克下市。重點來了：我們說過每個品類都需要品類王並且希望王者成功。一般來說，品類都愛著自己的品類王。即使財務醜聞纏身，水星互動的客戶仍然持續購買產品，最難堪醜聞爆發的那一季竟然是水星有史以來營收最高的一季。到最後，因為水星定義、開發、統治了商業技術最佳化這個新品類，就算烏雲罩頂還是很有身價。公司可能跌了一跤，但品類可沒有。對水星產品的需求仍然源源不絕出現。二〇〇六年水星營業額高達十億美金，同年惠普同意以四十五億美金買下它。

克里斯多夫和大衛在水星的經驗給了我們很多閃電戰和劫持的啟發，我們也益發相信持續不斷實行這套戰略能鞏固品類地位，也能鞏固品類王的地位。從第一章開始我們講到了品類王如何在同一時間內設計開發公司、產品、品類。所謂開發是從定義品類做為起點，持續動員公司，發動閃電戰，劫持操作，直到品類和品類王的江山抵定，不管是醜聞、策略失敗、競爭對手、經濟衰退，或任何事情都不會被擊垮。

到這個地步，你就是一個強大品類的王者了。你站上勝利之巔，接受其他人羨慕的眼光。這個時候你就該運用你的優勢條件進一步邁向更罕見的商業成就：持續性創造品類的永續企業體。

玩更大的進攻、劫持、博取注意教戰守則

第一步：誰？

整個品類設計過程一定是由執行長或組織裡最高領導人推動，而鑑於閃電戰在整個品類策略裡的地位，也一定要是出於領導團隊的決定並且獲得背書。我們建議整個動員過程交由一位閃電戰總指揮官領導，他要統籌整合所有閃電戰相關的內容。

你還需要找人執行閃電戰，也就是活動本身。這個任務包括了活動企劃和公司內部調度者兩種角色。他必須有很好的跨部門管理能力，注重細節，熱愛各種報表，然後衷心尊敬執行長。這不是傳統職位，你不會在求職網站上看到閃電戰領導這種工作。你需要一個能完成任務，而且不怕冒險的人。又因為世界各地的活動和新聞各有不同，如果身處跨國公司，那這名領導人最好能找幾位來自不同地區的員工，組織起一隻緊密合作的小型團隊。整個團隊必須一同在日期、活動、負責人方面保持正確統一的資訊，督促整個企業。

另一個職缺則是劫持長。人選可能是公司溝通部門的主管。這個人應該要有創意，懂得利用機會，了解公司背景，和媒體有良好關係，而且最好是個海盜：願意不按牌理出牌，賭一把的人。

第二步：規劃大型進攻

這件事和公司動員應該同時進行。整個公司投入閃電戰籌備工作時，也要同時規劃和執行閃電戰活動本身。我們建議舉行一次籌備會議定下所有到期日，詳細溝通閃電戰的活動內容，取得大家對於活動目標成果的共識。最好閃電戰總指揮官能夠製作一頁總進度報告，列出所有錯綜複雜的項目和目前各自的進度。這個報告其實不好製作，因為前面提過，要辦得事情很多，還必須照正確的順序完成。但完成後這個報告就是所有部門的依歸。總指揮官每週要和各部門領導開會，一起檢視表上的項目。到時誰沒有把工作做好將一清二楚，同事自然也會對項目的負責人施加壓力。

第三步：規劃活動

在整間公司為閃電戰動員的時候，閃電戰所有相關活動也要仔細規劃和執行。這工作有部分是活動規劃：找適合的場地，決定活動調性，安排座位，確定流程順暢。務必把有相關能力的員工納入規劃團隊，而且要和各部門保持溝通。活動本身也是公司故事的一環，所以要確定每個細節正確執行，滿足到目標觀眾的需求。改變認知的空中戰和產品業務的地面戰兩者兼具才能完整呈現出公司總動員的成果。

第四步：編纂文件

設計品類的時候，你已經生產出很多材料，包括公司觀點、品類藍圖、品類生態系統等等。現在這些材料該化為文字，整合進公司所有的對外溝通。公司網站內容和使用介面必須反映公司觀點；業務簡報和所有公司訓練課程也要包括觀點、產品專有詞彙，和品類藍圖。新聞稿一定要清楚溝通公司觀點和閃電戰內容。每一個字都很重要，公司所發表的任何語句都不該和品類設計工作相悖。

第五步：放手進攻

如果每件事都規劃妥當，也順利執行，那麼即使活動前最後一刻爆出大新聞或出人意表的發展也可以想辦法劫持納為己用，Sensity 就是最好的證明。到了進攻當天，你應該充滿信心一切都會順利進行，甚至比你估計得更好。

活動一結束公司也不能鬆懈，要趁勢銷售。行銷火力全開，發動廣告攻擊，開始你的公關劫持行動。

第六步：檢視成果，繼續往前走

閃電戰不因為活動結束而止息。嚴厲地檢視活動所有成果。誠實面對哪些部分奏效？哪些部分無用？為什麼？從中學習，調整，持續執行。就像麥克．泰森說的，每個人在臉上挨拳以前都有一套計畫，挨揍以後，調整計畫便是。

仔細看看閃電戰是否對競爭對手造成任何影響，有的話繼續火上加油。看看你在哪裡留下些許痕跡，繼續敲打下去。你的團隊可能已經精疲力盡，兩眼無神地瞪著你。讓他們喘口氣，用休假和獎金獎勵他們一下，然後請他們回到戰場繼續努力。

再來就是規劃如何長期稱霸、擴張發展你的品類。

第三部

長治久安的品類王

（或是，海盜、夢想家、創新者如何寫下傳奇，在宇宙留下足跡篇）

第八章

飛輪效應：從品類王到品類傳奇

如何晉身傳奇，留下足跡

臉書最早的功能是聯繫各大專院校學生的名冊。十年之後，它創造了全球最大社交版圖。谷歌一開始是搜尋引擎，十五年後則成了數十億人日常生活不可或缺的親密夥伴。亞馬遜網站起初只賣書，二十年後變身地球最有權勢的線上零售商。星巴克剛開始只是想在溫馨小店裡賣好咖啡，三十年後它對很多人來說已經是除了自己家和辦公室外的「第三個角落」。

這些公司究竟怎麼走到今天這一步？答案是：他們牢牢守住自己品類王的地位。在公司觀點的導引下，發揮飛輪效應，持續壯大自己品類的潛力。

是不是很簡單？

飛輪物理學

本書寫到這裡，大部份都在談品類定義和品類開發。這一章則是關於如何稱霸品類。我們還會更深入說明，當品類王統治品類後可以利用自己的地位擴張品類，提升品類潛力。換句話說，增加公司的潛在市場範圍（Total Addressable Market）。有少數位高權重的品類王，登上高點後仍然持續不懈地擴展品類，而且他們的做法能確保自己始終在品類內穩坐王位。

有些品類王則否。VMWare開發出虛擬主機品類後就停止前進，不過由於品類的潛力無窮而且VMWare幾乎囊括所有市場，公司應該可以長時間享受品類的豐收成果。執行好的品類收割策略並沒什麼不對，我們之後會談到這個部分。

品類擴張要成功，必須要建立起我們所說的品類飛輪。為此要向詹姆．柯林斯（Jim Collins）的《從A到A^{+}》致敬。如果公司做到了我們之前所說的每一件事，自然而然能建立起飛輪並順利運行，而飛輪作用力將協助公司保持品類王地位，給予公司進一步向外擴張品類潛能的力量、資源跟條件。

世界級品類王一旦執行品類擴張策略或是直接將擴張策略融合進公司文化，通常獲得極大的回報。臉書自成立到二〇一五年為止，平均每年增加的市場價值幾乎是二百億美金。這比全世界一整天的總產值還大。很多人認為像臉書這樣的公司成功的理由主要是產品和業務部門執行完美。雖然產品和業務的確重要，卻不是全部的理由。臉書始終不斷地拓展社交網路的品類潛力，同時教育投資人去了解它的策略。投資人不只是認同了臉書的執行力，還有以臉書為王的整個品類的未來潛力。

現在我們就來談談何謂飛輪、飛輪怎麼運作，然後告訴你一些實際發生過的故事；關於像臉書、谷歌、亞馬遜、星巴克，和其他一流公司一飛沖天背後的故事。有些是我們之前寫過的素材，但可別以為我們是端些殘羹剩飯出來給你。我們要講得是大部份傳奇公司如何完整結合之前的所有要件。

飛輪的基本元素有三，就是之前說過的公司設計、產品設計，和品類設計。如果三者夠強大而且互相配合，彼此之間將會互相強化，對公司和市場帶來加倍影響。既然厲害的品類王通常是同時間設計這三元素，品類和產品與公司之間自然會是完美契合；這樣的契合帶給品類王極大的優勢。

一間公司的價值奠基於它的品類。首先是品類的潛力。投資人必須認定公司所處的品類具有極大尚未施展的潛力，他們才會為了進入這個品類而掏出錢來。再來是公司在品類的位置。我們一直強調，品類王會拿走整個品類大部份的經濟利益，所以投資人只想押寶在品類王上。最後，公司的表現或執行能力。這些是可供檢視的成果，可能是營業額或是成長率，顯示公司能有效提供品類需要的產品或服務。當投資人看好品類潛力、你的品類位置和你的執行能力，他們就看到未來的潛力然後想要入股。

想想二〇一〇年代的谷歌和臉書，公司、產品、品類三者根本密不可分。谷歌就等於搜尋，臉書就等於社交網路。有越多人把公司當成品類王，就有越多人的大腦偏好購買使用王者推出的產品。使用者會預期其他進入同品類的公司和產品要和谷歌或臉書一樣，但事實是：除了谷歌和臉書沒有其他公司有辦法像它們一樣。聽起來是套套邏輯，而這正是我們的重點：品類設計、產品設計、公司設計所帶來的好處最後是回到自己身上。唯一能打破循環的只有找出與眾不同、能把消費者拉走的全新品類。微軟的Bing搜尋引擎永遠不可能打敗谷歌，因為它只想變得和谷歌一樣（微軟越是朝谷歌靠攏，越是強化了谷歌在人們心中的地位）。谷歌被擊倒的唯一可能就是某個新搜尋引擎品類問世，比下舊的搜尋引擎。

為了保持公司飛輪在軌道上，避免脫軌演出，品類王要有強烈的公司觀點。觀點給了整個公司該往哪裡去最原始基本的方向。當然觀點要量身打造，公司的雄心壯志要和自己的能力相符。否則公司無法執行觀點，最後令人失望的表現反而嚇跑投資人。可是觀點也必須展露未來要走的路，才能同時拓展公司、產品、品類，在保持飛輪三要素正常運作的同時擴張你的品類潛力。

經常性的動員和閃電戰是推動飛輪的助力，讓飛輪更強大、持續、合諧地轉動。每一次閃電戰跟背後的籌備工作都是飛輪的一把推力。長期努力玩更大的公司還有額外的好處就是可以檢視萬有引力。日復一日的營運操作永遠和品類設計的方向背道而馳。飛輪無止境的動力可以抵消萬有引力，把公司的力量導回至品類設計上。

飛輪帶來了許多實質的商業益處。我們討論過的經驗曲線就是其中之一，品類王可以付出比競爭對手少的努力卻得到更大的回報。飛輪一邊運轉一邊拉開品類王和競爭對手之間的距離，超越品類王於是越來越艱難。一旦飛輪轉地起勁，要是有競爭者膽敢伸手阻止，恐怕會斷指而歸。

品類王建立起品類生態系統，而後者也會反過來強化飛輪。谷歌和臉書的飛輪裡，使用者就是生態系統的關鍵部分。使用者每一次使用谷歌或是合作夥伴的服務，都提供了谷歌資料庫新的知識，讓演算法的結果更趨完美，於是谷歌的服務比其他人更快更好。至於臉書，使用者每次張貼的內容和新的朋友關係也都不斷的推動臉書的飛輪。在大多數科技生態系統裡，外部開發者都是重要環節，攸關飛輪表現。這些開發者所推出的插件或補強產品絕對超過任何公司憑一己之力可能拓展品類的範圍。周邊商品製造商也有一樣的效果，Gopro的部分品類王實力來自於其他公司開發的各式各樣小配件。品類王地位越穩固，開發商們的心就離競爭對手越遠，離品類王越近，然後漸漸創造出良性循環，於是更多開發商投入品類王陣營。任何接觸品類王產品的公司都成了生態系統的一部分，也會不由自主地投入飛輪的運作中。

錢絕對是飛輪的能量來源。飛輪運轉越強，就吸引到更多錢。品類王手上握有資金或是有價證券能進行併購，拉開和競爭者的距離或是拓張品類。品類王也有錢可以花在廣告和行銷，不但接觸到更多消費者也能淹沒競爭對手的聲音。品類王有定價權，因此也有更多錢投資在產品、業務、客戶支援系統、內部管理系統上，於是又更鞏固品類王的主導地位。

資料的角色也日益重要，特別是雲端系統服務，因為客戶或生態系統裡任何人做的任何動作都可以記錄下來並加以分析，據此改善產品和服務。在許多過去和資料無關的產業裡，資料都將扮演越來越重要的角色，像是汽車、照明、家居、餐廳。

當然，人才也是飛輪的燃料之一。最好的人才會想替品類王效力。這些人看得出哪間公司將改變人類做事的方法，創造新的事業良機，給予豐厚的報酬。品類王招攬了所有一流的人才，公司、產品、品類的實力自然也更上一層樓。和品類王搶人是很挫折的事，其他公司只能收下次一等的人——或是搬到波特蘭。

飛輪就這麼轉啊轉，直到勢不可擋。當飛輪速度夠快，就算出現策略失誤也阻止不了它。這就是水星互動雖然接受聯邦政府調查，但同一季度卻又創下最佳業績的原因。

飛輪可以是商場裡最強大的力量。趕快執行品類設計策略，啟動你的飛輪。以公司觀點為飛輪的指引，以閃電戰和公司動員為飛輪前進的動力，以拓展品類潛力為飛輪成長的養份。做到這幾點，你的公司不只大有成為品類王的機會，還能成為真正改變每個人生活與工作方式的品類傳奇。

從飛輪角度看品類王的故事

「創業時如果是個大學生，其實反而限制了你的格局，」臉書執行長馬克・祖伯格在二〇一五年夏天告訴《浮華世界》雜誌，「你一開始想的是『我要替身邊的社群做這樣東西』，再來是『我要替網路上的人做這樣東西』。但是到了某個時刻，公司的規模讓你決定其實我們可以解決更大的問題，改變人類接下來十年的生活。」

如果不去看臉書的創辦故事，你可以發現在祖伯格強大、有先見之明的觀點下，臉書有一個不斷加速的飛輪，一步步為臉書定義出的社交網路品類拓展市場潛力。只有最高明的品類設計者能夠達到如此境界。

臉書最早在二〇〇〇年初期成立於哈佛校內，擁有哈佛電子郵件信箱的人才能註冊。它第一次拓展品類潛力的舉動是開放給其他大專院校。當時sixdegrees和Friendster等社交網站已經出現，但祖伯格堅持把品類限定在大專學生。該品類，正如祖伯格告訴《浮華世界》一樣，剛好符合公司的實力，反之亦然。或者用我們的術語來說，很合身。這個以校園為主軸的策略後來也證明是飛輪得以運作的重要原因。創辦人之一達斯汀．莫斯科維茲（Dustin Moskovitz）甚至研究了選擇這個品類的效應，結論是大專校園內蓬勃的社交關係是臉書獲得動力的重要關鍵。臉書每次多納入一家學校，飛輪就獲得又一次動力。當網站已經進入幾乎所有大專院校後，臉書藉著拓展到高中院校為飛輪注入新的強大動能：把品類潛力從「大專學生」擴張到「學生」。到二〇〇五年十月，臉書有約五百萬用戶，幾乎全部都是學生。臉書一步接一步地，玩更大。

在按部就班規劃符合公司實力的品類背後，其實祖伯格已經架構出遠遠超出公司規模的觀點。臉書所有推動飛輪和擴張品類的決策，有時是計畫內，有時是機緣，但全都依循祖伯格開展出的觀點：以人們真實世界裡的關係在網路裡連結。二〇〇五年，越來越多人開始擁有配備照相功能的手機，臉書增加了張貼圖片的功能。用戶的熱烈回應大大超出臉書預期；在短短六週之內，上傳的照片已經用完了臉書接下來六個月所預備的儲存空間。臉書仍然是個學生網站，但是照片程式大受歡迎讓祖伯格產生社交圖譜的想法：臉書可以拼湊出地球上每個人之間的關聯。「關於臉書的本質，他持續勾勒出一個比一個廣闊的理論。」西恩・帕克（Sean Parker）告訴《Facebook臉書效應》（*The Facebook Effect*）一書作者大衛・克科派翠克（David Kirkpatrick）。

到二〇〇六年臉書的飛輪已經加足了速度。不但頂級的創投公司像是吉姆・布列耳（Jim Breyer），彼得・提爾（Peter Thiel），馬克・安德森（Marc Anderson）紛紛投入資金，臉書也和微軟做成一筆金額龐大的交易。這些錢推動飛輪的運作，也拉大了臉書和競爭者的距離。二〇〇五和二〇〇六年主流媒體開始大幅報導臉書的故事。臉書網站新增了動態時報功能，用戶可以看到朋友的最新動態。二〇〇七年，臉書開放外部開發者以臉書為平台來開發應用程式，此舉培養了臉書生態系統；臉書並且主辦了第一屆開發者研討會，F8。到了〇七年底，臉書吸引了二十五萬名開發商和兩千四百萬的用戶。功力全開的飛輪甚至讓臉書度過了一次可怕的錯誤決策危機。二〇〇七年十一月臉書推出Beacon，功能是主動告知你的臉書友人你剛才在哪個合作商的網站購買了什麼產品。此舉很快被強烈批評是對隱私權的侵犯，嚴重威脅到臉書的品類潛力（如果大家覺得臉書不能信任，網站會漸漸流失使用者）。但是公司的飛輪動力足以支持臉書度過難關。祖伯格很快地道歉並且終止該服務。

二〇〇八年初，臉書的成長達到另一高峰。二〇一〇年代，臉書強勢登陸手機裝置，推出手機版本並且購買了訊息服務商Whatsapp。既然使用手機的人口比使用筆電的人口多出幾十億，臉書的品類潛力頓時大增。一次又一次，臉書越玩越大，重新以一致的角度設計了品類、產品、公司，強化品類潛力。它創造出的環境總是讓臉書成為當仁不讓的王者。公司的價值是建立在品類潛力、公司在品類中的位置，和公司的執行能力上。臉書的品類版圖幾乎囊括了地球上所有人，有強大的飛輪作用鞏固臉書的王者地位，而且過去的表現屢屢展現出臉書能實現自己提出的承諾。因此，在所有二十一世紀內創辦的公司裡，臉書成了二〇一〇年代最有價值的科技公司。

我們也可以用同樣的角度來看其他公司怎麼搖身變成跨國企業，改變數億人口的生活。谷歌最早只是搜尋引擎。公司很快發現搜尋服務其實是提供人們有用資訊的一種管道，所以佩吉和布林重新定義公司觀點成為「組織世界上的資訊」。這樣的觀點開拓了谷歌的品類潛力：只要谷歌能夠找出辦法組織更多種類的資訊，谷歌使用者人數就能成長。所以谷歌開始做電子書，建立谷歌地圖，推動谷歌郵件，併購照片服務Picasa，也購買影像服務的Youtube，每一次出手都增加了公司可以組織的資訊種類。後來谷歌看出手機將是擴張谷歌品類版圖的大好機會，著手開發安卓（Android）系統搶佔大餅。一路以來，谷歌不斷灌溉自己的飛輪：資金、用戶、生態系統、世界上最優秀的人才、持續累積的資料。因此不管它往何處擴張，都始終保持了自己品類王的地位。除此之外，谷歌執行能力一流，一再證明自己使命必達。把以上所有優點加總起來，谷歌發展成品類傳奇。

再來看亞馬遜網站。亞馬遜以賣書起家，這是個潛力有限的品類卻很適合當時的公司規模和公司提供的產品。當亞馬遜成功征服書籍品類，開始尋找下一個擴張機會，結果是數位媒體內容像CD和DVD。亞馬遜建立起的飛輪給了它擴張品類所需要的力量和條件，直到品類範圍幾乎涵蓋了零售業每個角落。這個飛輪甚至協助亞馬遜做到一件稀罕的事：在公司相關範疇之外，亞馬遜甚至定義、發展、統治了另一個全新的品類。該品類就是雲端運算服務，亞馬遜雲端運算服務（AWS）則是品類王（對此下一章將詳述）。總之，亞馬遜開展了品類潛力，勢力涵蓋北美、歐洲、大部份亞洲上幾乎每個線上購物者；亞馬遜幾乎在每一個地區都是品類王（雖然不是全部）；而且公司的表現也不斷證明了它的執行能力。在二〇一五年中亞馬遜的市值已經超過之前的零售業龍頭沃爾瑪（Wal-Mart）。

不只是科技業，每一種品類傳奇都有自己的飛輪，並且持續擴張自己的品類潛力。星巴克就是絕佳的例子。霍華・舒茲（Howard Schultz）買下一間西雅圖咖啡店，但是他和祖伯格一樣心裡有更宏大的觀點：星巴克應該成為家以外的另一個家。這樣的品類潛力十分龐大，舒茲在設計公司和產品的同時，也漂亮地設計並發展他的「第三地方」品類。他努力維持飛輪運轉，確保星巴克持續蟬聯品類王。雖然二〇〇八年星巴克出現財務危機，公司仍然持續執行自己的承諾。二〇一五年星巴克身價是八百億美金，幾乎是全世界最知名的品牌。

透過飛輪和品類潛力我們也可以看出為何有些品類傳奇最後殞落。回顧歷史是有用的，正如哲學家喬治・桑塔亞納（George Santayana）所說：「凡是忘掉過去的人註定要重蹈覆轍。」微軟在全盛時期時就以模仿和快速跟進聞名。事實上，很多產業觀察家相信追隨潮流是微軟的軟實力之一。但在我們看來，根本不是這回事。

當一九八一年IBM決定在IBM個人電腦上採用微軟的MS-DOS系統時，微軟就像中了樂透。然後蓋茲很快就意識到自己創造了全新的品類：個人電腦作業系統。於是他同時設計產品、公司和品類，加上IBM個人電腦和其他主機廠的成功也幫助微軟推動飛輪。可是由於DOS系統和相關應用程式的使用不易，品類潛力受到限制。要開拓品類潛力，微軟一定要讓電腦更加簡單好用。當時蘋果和全錄正在做圖形化使用者介面，微軟看到這個做法能夠大幅改善使用障礙，於是開發了視窗系統。視窗系統替個人電腦打開更廣大的市場，也讓微軟定義了無所不在的個人電腦品類，微軟的著名觀點是「每張辦公桌和每戶人家裡都要有一台個人電腦」。接下來微軟的每一次進攻：Office、Outlook、Explorer，要不是以增加辦公室或住家電腦數量為目標，就是以增加原有電腦內的軟體市場佔有率為目標。每一次，微軟都利用個人電腦的品類王地位壟斷所有微軟相關產品的市場。飛輪運轉快速，競爭者莫能抵抗。整個一九九〇年代，微軟保住個人電腦軟體的品類傳奇地位。

然後呢？品類潛力突然急速下滑。二〇〇〇年代，雲端運算和智慧型手機躍為主流，想要買電腦的人幾乎都已經買了電腦，而且有電腦的人需要的軟體也越來越少，因為很多服務現在只需要網路、手機程式，或雲端系統就可以辦到。我們也懷疑微軟受到來自如視窗系統、Office、Exchange等原有產品的萬有引力拉扯。雖然公司一直試圖找出新的品類潛力，但微軟嘗試的方向都和公司飛輪無關。事實上，微軟想踏足的領域都早已經有別的強大飛輪，可以說註定失敗的命運。該公司跟隨蘋果定義出的iPod品類推出Zune；跟隨兩大手機作業系統天王：谷歌的安卓和蘋果的iOS，結果推出的產品根本無法競爭；跟隨谷歌的腳步推出Bing；跟隨蘋果商店推出微軟商店。所有產品都缺乏吸引力。過去十年以來微軟的股價始終不上不下，因為公司不符合成功的條件：它沒有創造出新的品類潛力，無法竊佔其他領域中品類王的位置，而且除了公司的電腦軟體飛輪以外，公司缺乏執行能力。微軟浪費了很多錢，結果只是格局越變越小。

微軟想要找回昔日榮光東山再起的辦法就是設計有新潛力的新品類，在這個新品類裡稱王。想要做到，微軟得從頭照著本書一開始的內容好好執行品類設計。

品類潛力的大道

微軟的故事提醒了一件我們常說的事：每一位品類王的執行長總會有一天發現公司的領導地位反而成為進一步成長的阻力。這份體悟通常發生在執行長發現品類潛力已經快耗盡的時候。

做品類王無疑是美好的。這本書絕大部份都在陳述該如何往如此美好的境界前進。登上巔峰的獎勵是：你可以從頭再奮鬥一次！沒有一個品類王所統治的品類可以有無窮盡的潛力。所有人都從設計和建立一個能力所及的品類開始，這也意味著你的品類是有疆界的。所以每個品類王都會面臨再也沒有市場可以開拓的一天。到了這個地步，公司表現再好也無濟於事；股價不會再起波瀾，除非投資人看到了新潛力。想持續健康成長，品類王就必須設計並打造另一個潛力更龐大的品類。臉書或亞馬遜等公司已經這麼做了好幾次。

二〇一五年中，一家名為ServiceNow的公司陷入品類潛力的困境，於是來和我們商討該怎麼辦。弗烈德・魯迪（Fred Luddy）在二〇〇三年創辦了ServiceNow，目標品類是資訊服務管理。該公司提供資訊部門能夠自動追蹤並解決申訴問題的雲端服務。ServiceNow在幾年之後成了品類王。公司於二〇一二年公開上市時市值高達二十億美金，當時年營收只有九千三百萬美金。這表示市場對公司的估價高達二十倍。為什麼這麼高？因為ServiceNow的品類還有很大的潛力，它是品類王，而且執行面一直達到預定目標。

但是ServiceNow總有觸頂的一天。需要公司服務的資訊部門總共是數千家，這些部門的加總使用人數大概是四百到八百萬人。ServiceNow當然沒有拿到所有人的生意，可是投資人已經看出潛在市場的極限為何，所以股價停止上漲。在估價公式裡，ServiceNow已經拿過了資訊服務管理品類潛力的報酬。雖然公司是品類王，而且執行力良好，但股價無法更上一層樓。要刺激股價上揚，公司必須找出更多品類潛力。

二〇一五年初執行長法蘭克・史魯曼（Frank Slootman，魯迪的接班人）告訴《財富雜誌》：「我們的任務是忽略服務管理的資訊成分。與其討論資訊服務管理，我們真正想做的是服務管理，因為這是全公司都需要的。」這是怎麼一回事？ServiceNow本來只是協助資訊部門向其他部門提供更好的服務，現在它打算用自己的技術還有目前的飛輪作用幫助公司裡每一個部門彼此之間提供更好的服務。如果ServiceNow可以把人資部門或行銷部門和其他部門之間的互動自動化，那公司的目標客戶和使用者數量將瞬間大幅提升；換句話說，市場潛力暴增。大部份品類王在公司發生問題前不會主動尋找新品類潛力；成功是很糟糕的老師。但是史魯曼、行銷長貝斯．懷特（Beth White），和其他執行高層卻在舊品類發生問題**以前**就積極開發新的品類潛力。我們很期待看到ServiceNow接下來的發展。

執行長該如何得知拓展公司品類潛力的時刻已經來到？有些執行長，例如祖伯格和貝佐斯，似乎直覺地知道這件事。他們心裡早已充滿雄心壯志——連結每個人！販賣每一種產品！所以他們要做的只是找出下一個合理的品類擴張目標。

對其他領導人來說，公司價值可以是品類擴張的指標。如果新創公司拿到首輪資金卻無法順利拿到下一輪資金，表示它的品類策略出現漏洞。同理，如果上市公司的股價似乎已經停留在低檔很長一段時間，就表示到了品類擴張的時候。當公司因為逼近品類極限而成長遲緩時，很多上市大公司的領導團隊容易犯下一個常見錯誤：以為增加利潤就能解決股價問題，卻沒把重點放在擴張。因為他們不是透過品類角度來分析，這些領導人一股腦兒以為投資人熱愛利潤多過成長。雖然投資人的確喜歡利潤，但品類王的真正市場價值卻來自於品類潛力。看著公司盈利增加卻股價下滑而一頭霧水的科技業財務長其實不在少數。

品類潛力碰上瓶頸的另一項徵兆是你發現潛在客戶數量已經可以清楚計算。大衛在Coverity就遇過這種情況。Coverity軟體測試產品的可能客戶為數不多。所以雖然是一門好生意，卻不是能大幅成長的生意。品類格局太小。

執行長面臨品類潛力危機時該怎麼辦呢？首先，她可能夠幸運，偶然發現另一個新品類。另一個更嚴謹的辦法是從頭再走過一遍品類設計流程。這也是品類設計漸漸成為一門經營策略的原因；品類設計能確保致勝公式的各種要素各司其職，同時又能用讓投資人、使用者、員工、整個生態系統產生興趣的方式成功拓展品類潛力。

話雖如此，我們還是得先提醒一件事。我們都曾非常近距離地見證過，最危險的事情就是公司清楚定義出了一個火熱的新品類，卻當不上品類王。品類是解決問題的新對策，一旦社會大眾看見了問題，就不能當作沒看見；覆水難收。市場會開始產生需求。如果你定義了品類但是卻達不到市場的要求，例如你沒有成為品類王的員工或資本或任何一項條件，市場自然會尋覓其他王者。所以老一輩所說的「先發優勢」根本是胡說八道。先發者要有足夠成為品類王的資源，能交出令人滿意的產品才有優勢。否則，先發者很快分崩離析。想想雜貨配送的Webvan，社交網絡的MySpace，所有iPod之前的MP3播放器。Slack在二〇一五年在商業社交網路這個品類裡大放異彩，在它之前好幾家公司試圖清楚定義該品類卻無法建立並統治品類。我們把品類設計當成一門學說是有原因的。它是強大的武器，不是玩具。用得不好，你可能會一槍打在自己頭上。

品類收割和接班規劃

還有另一種情況：VMWare的情況。故事大致如下：公司定義了新品類，品類潛力很快直衝雲霄，需求大量湧入，領導團隊設計的公司順利在品類稱王，公司產品也滿足了品類消費者的需求，公司不斷成長，市值屢創新高。換言之，這間公司做到了每一件品類王該做的事，而品類的潛力在可預見的未來仍將滔滔湧出。

這間公司於是認為自己已經修成正果，打算好好享受甜美的果實。它沒有擴展品類的念頭或行動；因為毫無必要，這個品類還有好多年的榮景。也就是說，公司本身是個會下蛋的金雞母。既然自己產下的金雞蛋已經夠多，暫時不用再去找下一隻，只要確定手上這隻一直生到蛋盡援絕為止。你可能覺得這種策略只是坐享其成，我們則給了一個更禮貌的說法：品類收割。

品類收割和品類設計是南轅北轍的兩件事。前者沒有不好。收割是商業經營裡最重要的能力之一，也是品類王坐擁龐大品類潛力時該做的事情。賴利．包熙迪（Larry Bossidy）和瑞姆．夏藍（Ram Charan）所著《執行力》（*Execution: The Discipline of Getting Things Done*）一書基本上就是品類收割的操作手冊。很多成熟企業的主要經營項目都是品類收割；克萊斯勒自一九八〇年代起就不停收割迷你廂型車品類。

品類收割的邏輯和品類設計不同。它的重心在於漸進式改善，管理維護飛輪的運轉速度，充分的行銷和業務活動，還有盡可能地增加利潤。優秀的品類設計者通常是糟糕的收割者，反之亦然。

關鍵是：如果你是公司創辦人或執行長，當你完成品類設計，公司也成為品類王之後，你會面臨幾種選擇。一個是去定義、開發、統治另一個更大的品類，請參照臉書或亞馬遜。另一條路是停止品類設計，轉型收割。你一定要兩者擇一，在中間搖擺不定只會損耗公司價值。

公司以外的人要怎麼看出一間公司是否決定轉型？重要的指標之一是領導者更動。一般而言，品類設計型執行長容易對單純收割感到厭倦，最後掛冠求去。或者，品類設計型執行長試著收割卻成效不彰，慘遭換角。幾乎每一次品類設計型執行長下台，繼任者都是收割型執行長。

比爾．蓋茲是品類設計者，史提夫．巴爾默是優秀的品類收割者，只不過他試圖成為設計者因此不斷慘遭滑鐵盧。蓋茲在二〇〇〇年把微軟交給好友巴爾默。在此前一年，微軟是史上最有價值公司。雖然公司持續從視窗系統和Office上頭甜美收割豐厚利潤，巴爾默無法替公司帶來新的品類潛力。微軟的股價在二〇〇〇年網路大崩盤時下跌，然後持續低迷直到新執行長上任為止。微軟的例子充分證明投資人是怎麼看待品類擴張期的業務成長和品類成熟期的利潤成長。

黛安·葛林在VMWare是品類設計者。董事會在二〇〇八年將她拉下，換上保羅·馬力茲（Paul Maritz）。馬力茲在視窗系統全盛期的微軟呆了十四年，他成了很棒的收割者。

在英特爾（Intel），品類設計傳奇大師安迪·葛洛夫（Andy Grove）一九九八年時下台，他將執行長一職交給好友，也是英特爾元老的克雷格·巴瑞特（Craig Barrett）。英特爾曾經是成長迅速的公司。巴瑞特認為自己的任務就是讓好友的公司保持正常營運，他也的確做到了。但是後來科技日新月異，潮流轉向網路和行動，英特爾因為始終只想經營同樣項目，失去了在新時代領頭的機會。一九九八到二〇〇〇年間，英特爾股票節節上升，但那時是網路泡沫年代，幾乎每隻科技股都上漲。二〇〇〇年一過，英特爾的股票就一落千丈。雖然英特爾徹底地收割晶片品類，利潤豐厚，但因為沒有開發出新的品類潛力，它的勝利公式瓦解了。

甲骨文的賴瑞·艾利森（Larry Ellison）是品類設計傳奇大師，他始終位居公司領導地位，但雇用了許多厲害的收割者來經營公司，特別是薩夫拉・凱茲（Safra Catz）和馬克・赫德（Mark Hurd）。歷年來甲骨文從各種不同產品上賺錢，卻始終沒有定義過一個新品類。

史蒂夫・賈伯斯則是我們認為史上最偉大的品類設計家。那麼提姆・庫克（Tim Cook）呢？到我們寫這本書為止，還沒有答案。不過，二〇一〇年代中期有則關於提姆・庫克的故事值得玩味，這也和蘋果未來幾年的走向有關。什麼意思？我們先回到ＩＢＭ和帶來system/360大成功的接班故事。

從一九一四到一九五六年，ＩＢＭ由老湯瑪斯・華生一手建立，並且成為世界首屈一指的運算公司。老華生是資料處理品類的設計師，但是在他的年代，所謂運算指得是電動機械的技術，並未數位化。資料儲存在打孔卡上，然後經過一連串電動機械動作進行運算。到了一九五〇年代，老華生因為年事已高開始遠離公司經營；同時新的電腦時代降臨，靠的是真空管、電晶體、磁儲存器，和數位計算。這項新技術稱為電子學。

電子學剛剛興起時，老華生指定了接班人：他的兒子小湯瑪斯・華生。後來的結果證明，在那個科技改朝換代的時間點任命自己的兒子接班是ＩＢＭ的一大幸事。小華生不只是兒子，還是個叛逆的兒子。他不想照著老爸的路走，他打算拆開他父親的ＩＢＭ，然後重新建立自己的公司。凱文的著作《打造ＩＢＭ》（*The Marverick and His Machine*）一書中栩栩如生的描寫這場尖銳的交接場景；書中敘述當老華生最後一天離開ＩＢＭ時看到的是：「在（小華生）指示下，工人拆掉了自一九三〇年代就存在大廳的東方地毯和深色木地板，裝上現代化白色地磚、緋紅色牆壁、金屬桌面，還有電腦房牆上簡單俐落的『702』三個字母。」小華生甚至沒等自己的父親離開公司大樓。

電子技術潮流給了年輕的小華生用自己的觀點重新執行品類設計的機會。小華生全心擁抱電子運算技術，希望ＩＢＭ成為當中佼佼者。身為創辦人兒子，小華生有權利和資格執行如此龐大的轉型。新品類的打造行動自一九五〇年代晚期熱烈展開（老華生於一九五六年逝世，所以公司元老從此無處哭訴）。到了一九六〇年代初，整個公司已經全副投入System/360，這是公司有史以來最大的賭注。ＩＢＭ放棄繼續收割舊品類，專注於開發新生意；如果新品類失敗，整間公司將全軍覆沒。

System/360獲得空前大勝利，重新塑造了高齡五十歲的ＩＢＭ成為一個潛力無窮新品類的品類王。自一九五六年小華生接手起，一直到一九七一年他宣告退休，ＩＢＭ的員工人數成長四倍，營收則增加了九倍之多。小華生擔任執行長的最後一年，ＩＢＭ是全球最高價值的股票；當時道瓊工業指數中有三十檔股票，ＩＢＭ一家相等於其中二十一家股票價值的總和。

但是在小華生之後，繼任的執行長是收割者。既然公司身處於豐厚品類，ＩＢＭ在接下來數十年間賺取了豐厚的利潤。可惜，再怎麼肥沃的品類也有耗竭的一天，這正是ＩＢＭ在一九九〇年代面臨的難題。品類出現疲乏，公司迫切需要新的品類潛力。接手的執行長路易・葛斯納（Louis Gerstner）最後找到了運算服務和諮詢顧問。到了二〇一〇年代，ＩＢＭ又再度面臨新品類潛力的需求，因此公司開始投入數十億美元開發華生認知運算平台。

那麼蘋果和提姆・庫克呢？庫克是小華生，還是巴爾默或巴瑞特？二〇一四年，蘋果發表蘋果手錶當天，庫克向美國廣播公司新聞談到賈伯斯：「我沒有一天不想到他。特別是今天早上，在此地，我更是想念他。我想他看到他留給我們的公司心裡會感到非常驕傲。」庫克甚至試圖模仿賈伯斯介紹新產品的手法。但如果庫克保留太多賈伯斯，他不能成為小華生，不能帶著蘋果走出新方向，統治另一個充滿潛力的新品類。也許二〇一五年的蘋果還不需要這麼做，畢竟現有的品類仍然可豐厚收割。我們一定會繼續用品類角度來觀察庫克，看他會成為一個優秀的品類設計者，還是優秀的收割者……或，兩者皆非？

對品類王的執行長來說，這個問題對接班規劃異常關鍵。你要把公司交給品類收割者，他能進一步改善你創造的局面，把成果轉化成利潤？還是你想把公司交給品類設計者，他會改變你留下的成果，轉化成新的品類潛力？

這可能是每一位要離開品類王的領導者所能下的最重要決定。

玩更大之飛輪和品類潛力教戰守則

第一步：誰？

執行長或創辦人，也就是品類設計長。飛輪需要公司和生態系統的每個部分配合才能運轉，而只有執行長能看到全貌，有把所有人聚合在一起的影響力。同樣地，也只有執行長或最高領導人可以推動品類潛力的擴張。

第二步：重新開始品類設計

如果你成功地完成品類設計，成為品類王，飛輪將自我運轉無須擔心。如果你的品類潛力即將枯竭，需要找出其他有前景的方向，那你的公司就必須從本書第一章開始，重新執行品類設計。

第三步：回顧過去成果

如果你是品類設計者也建立起了一個品類王，你得做出決定；你可以繼續做品類設計，也可以盡量收割目前的品類潛力。如果你的選擇是後者，或許你必須找一個優秀的收割者當接班人。或者，你可以把公司賣給更大型的企業，讓他們來收割。

第四步：神秘的第三條路

喔，其實，還有一種可以兩全其美的辦法，但真的非常不尋常。你要做的是打造出一台持續創造新品類的機器。這真的十分罕見，不過我們可以告訴你我們所知道的幾個例子。接著看下去……

第九章

公司治理：持續性創造品類的罕見藝術

如何建立起持續領先的企業並且避免創新的兩難

每一個新創傳奇都想成為歷史悠久的大型企業。

這才是最終目的，不是嗎？有些新創公司的發起人只想把公司賣給谷歌，然後下半輩子可以買艘豪華遊艇，自由自在隨心所欲。這也沒什麼不好，不過他們應該不會是本書讀者。真正投入品類設計、建立起品類王、擊敗萬有引力、拓張品類潛力的創辦人，真正的海盜、夢想家、創新者，他們想要做出可以代代相傳的企業。像賈伯斯、貝佐斯、班尼歐夫、佩吉、祖伯格、馬斯克等人最想要的就是確保自己辭世很久之後，公司仍然屹立不搖。

在此同時，有很多古老的大型企業也是這些傳奇新創公司避之唯恐不及的先例。老牌大企業總被新創公司擊敗。老牌大企業最擅長做保守決定，改變緩慢，然後盡可能要金雞母下蛋卻不思創造新品類。事實上，老牌大企業明顯不善於創造任何新事物。尼爾森（Nielsen）曾分析二〇〇八至二〇一四年間於美國上市的兩萬項商品，絕大多數來自老牌大企業，發現只有七十四件，也就是低於〇．五%的商品成功在市場佔有一席之地。所以，新創公司發展成身價上億品類王的機率其實還比老牌大企業推出能創造新品類的成功產品的機率還高。糟啊。

但還有另一種可能的結局。有些一流的歷史悠久企業成功建立起品類持續創造的文化。事實上，這些公司內部的品類創造機器反而把公司的規模和歷史等一般以為是包袱的部分，轉化成了優勢。

對於過去長久以來關於公司內部應該培養創新文化的所有研究和著作，筆者們十分敬佩。彼得．杜拉克（Peter Drucker）是其中的大師，他寫過創新對企業來說不是一種靈感，而是系統化分析各種機會的一個過程。克雷頓．克里斯汀生（Clayton Christensen）的經典著作《創新的兩難》（*Innovator's Dilemma*）提到為何大企業難以回應新創公司的攻擊（基本上就是我們之前介紹過的萬有引力），並建議大型企業應該組織半獨立性質的秘密小隊，企業才能更容易創新。傑佛瑞．穆爾（Geoffrey Moore）的研究主題不只是創新和創新市場化，更包含如何中途再造原有企業。吉姆．柯林斯（Jim Collins）在《基業長青》（*Built to Last*）一書裡告訴我們老牌企業裡，設定宏偉艱難大膽的目標（BHAGs, Big Hairy Audacious Goals）的重要性。這些作者都是業界巨擘，而我們也無意挑戰他們的觀點。

筆者們只是想提供一個略有不同的看法。當我們觀察杜拉克、克里斯汀生、摩爾、柯林斯所推崇的企業時，往往能看到品類設計的作用。我們相信能幫助新創公司成為品類王的學說也一樣可以幫助老牌企業自我改造，讓後者創造、開發，並且最後統治新的品類。

當你一百六十五歲時，會怎麼做？

我們要告訴你一家看似不屬於本書內容的公司。康寧這間玻璃公司，似乎和矽谷的公司們南轅北轍。康寧成立於一八五一年，總部位於紐約州西部靠近五指湖區的康寧鎮，周圍一片荒涼。員工們世代住在康寧鎮，公司主要營業項目是生產古老的產品，玻璃。公司的第一次代表作是和湯瑪斯．愛迪生簽下合約，替他發明的產品——燈泡，製作玻璃罩。

即使歷史如此悠久，康寧卻是一台品類創造機。康寧直到今天仍然生氣蓬勃、充滿活力，因為從過去到現在，這間公司一次又一次地定義、開發、統治新的重要玻璃品類。它開發統治過電視真空管品類（舊型電視用的球狀玻璃管），實驗室玻璃品類（派熱克斯Pyrex，能耐高溫），催化轉化器品類（能隔離汽車廢氣中污染物質的陶瓷物），和光纖（你知道我在說什麼），更別提康寧餐具這個媽媽廚房裡通常都有的抗摔餐具（康寧後來出售此部門）。如果你家有平面電視，不管是哪個廠牌，玻璃應該都是康寧生產，因為他們是業界龍頭。然後你的智慧型手機，幾乎手機表面那片超硬的觸控式玻璃都是康寧產品，他們是該品類的品類王，產品名為大猩猩玻璃（Gorilla Glass）。

我們和執行長魏文德（Wendell Weeks）討論過大猩猩玻璃的故事。這個故事顯示出康寧內部如何進行品類創造，也可以看出品類創造在大機構裡該如何執行。這個故事的催化劑是賈伯斯，不過故事起頭可以追溯到一九六〇年代。

大企業勝過新創公司的一點是有能力投資重大的研究發展項目，康寧一直以來都有自己的研究實驗室。前面的章節有提過品類創造來自於兩種類型的構想。一為技術構想，新發明的技術需要找到合適的市場；另一種是市場構想，找到市場新機會然後再開發出新技術。大部份的矽谷新創公司都是從市場構想著手。而企業內部實驗室其實只有一個目標：找出技術構想。

在康寧，實驗室的主要目標是魏文德所稱的「大挑戰」。幾十年以來，這些大挑戰的其中之一就是「玻璃會破，解決它」。一九六〇年代，康寧的科學家們首次發展出負離子交換技術能大幅提升玻璃強度。從那時起，實驗室便不斷朝更薄、更強韌的玻璃研發，雖然整整四十年都沒有適合這項產品的品類市場。像康寧這樣的企業，擁有資本、耐心，和投資人的支持，可以長時間的埋頭研究真正艱難的技術問題。

但光這樣還不能創造出品類。實際上，大企業無時無刻不受到強大萬有引力的拉扯，那些既有業務的強力呼喚，經常矇蓋了企業本身的技術構想。全錄就是著名的例子。一九七〇年代全錄擁有科技歷史上最強大的實驗室之一，全錄帕羅奧多研究中心（PARC）。該實驗室發明的東西蘋果幾乎照單全收放入了第一代麥金塔電腦裡，包括開創性的圖形使用者介面和滑鼠。全錄全然浪費了自己的技術構想，從未將發明資本化。原因是？它完全照客戶的吩咐做；客戶只會要求一台更好的影印機，不會要求完全不同，稱為個人電腦的東西。就像克里斯汀生在《創新的兩難》裡所說，聽從客戶意見只會讓你不斷生產出「更好」的產品，但做不出「不同」的產品。而不同才能開創新品類。「更好」只會帶來跑更快的馬；「不同」則帶來第一台福特汽車。

技術構想對上市場構想，更好對上不同，這樣的邏輯思維呼應了大猩猩玻璃的故事，也解釋了為什麼康寧可以創造出這麼多品類。像康寧這樣歷史悠久的企業已經培養出許多長期互信的外部關係。只要領導人懂得把重點放在不同而非更好，這些關係就是獲得市場構想的絕佳管道，魏文德和賈伯斯之間就是這種關係。魏文德說，有天他和賈伯斯談到蘋果要做手機這件事，魏文德提議使用康寧的雷射和光纖技術。當時的手機螢幕很小，賈伯斯想要提供行動影像功能，於是魏文德提議「微型投影機」：把雷射放入手機內，功能是把影像投影到牆上。「賈伯斯說這是他聽過最蠢的主意，一副他其實已經做得到的樣子。」魏文德告訴我們。但是賈伯斯也因此告訴魏文德更多關於iPhone的細節，包括把整台手機表面變成觸控面板的大膽想法。手機表面必須有防刮功能，強度夠，並且觸控敏感度高。賈伯斯當時覺得解決辦法會是塑膠，但他找不到符合標準的塑膠產品。

魏文德接收到的資訊如下：賈伯斯要創造出一種新行動裝置品類，智慧型手機。而且這種手機需要一種尚未問世的玻璃品類，每一台！

因為知道康寧幾十年來投入研究更薄更強化的玻璃，魏文德現在一手握著市場構想，另一手則握著技術構想。他告訴賈伯斯：如果你創造得出問題（一個需要新表面的智慧型手機品類），那我們就能創造出解決辦法（一個新玻璃品類）。回到康寧，他告訴實驗室和團隊：如果我們能創造出解決辦法（新玻璃），市面上就會有一個等著我們解決的問題（智慧型手機）。這是一個聰明企業善用自己優勢的典範：企業的對外關係給了公司接觸市場構想的大好機會，公司本身又握有創造應用技術構想的核心能力。在這個例子裡，賈伯斯說，好，我們相信你能做出適合的玻璃；魏文德說，沒問題，我們相信你可以替我們帶來市場。

自此之後，康寧開始執行品類設計。與其做白牌玻璃產品給iPhone，康寧有意另創全新玻璃品類，品牌命名為大猩猩玻璃，制定了該品類的觀點，發展其他的適用情況，然後借用

iPhone的發表作為閃電戰來動員公司內部。二〇〇七年，裝配著大猩猩玻璃的iPhone首次出場。康寧立定主意要把品類擴展到所有的智慧型手機。飛輪作用展開，康寧因此成為低成本製造商和最聰明的行銷者，而且品牌牢牢印在客戶腦海中。二〇一二年，全世界有十億支手機使用大猩猩玻璃。到了二〇一五年，雖然康寧沒有公布實際數字，但據信大猩猩玻璃的年營業額已經高達十億美金。這個品牌享有品類王經濟效益，拿走超過七〇%的品類總利潤。

為什麼康寧做得到但是全錄卻失敗？執行長無疑是關鍵，魏文德必然是鼎力支持品類設計，在公司內部不遺餘力地推動。所有員工必須調整態度，擁抱品類設計，在日常操作上努力對抗萬有引力。品類設計要成為康寧的重要工作項目，也要是績效考核的項目之一。投資人要接受有部分利潤會花在研發部門和品類設計上，公司才能培養更多品類潛力而不是只會收割現有品類。魏文德給了幾點建議：

「聆聽（顧客）你才能瞭解真正的問題，而不僅僅是提供解決辦法。如果我們只是照指令做，客戶並不需要我們；如果客戶不需要我們，那我們就沒有辦法獲得足夠的利潤和競爭優勢來保衛鞏固我們的品類。」

「了解時間的重要性。開發新材料要花費很長的時間。我們建立起相關知識，然後培養員工的技術，接著就能運用這些技術進攻其他市場。這才是運用知識更有效率的方法。」

「務必確定公司是走在創造性破壞的創造面。如果不是，公司注定覆亡。」

我們對康寧的未來並沒有太過樂觀。雖然康寧證明自己能創造品類，但從公司角度來看，品類項目五花八門。有些品類已經成熟邁入收割期，像是電視玻璃。大猩猩玻璃則是品類潛力持續成長的新品類，但即使是大猩猩玻璃的品類潛力似乎也不到能大幅增加康寧市值的地步，畢竟康寧真是太大了。康寧股價到二〇一五年底已經徘徊在某個區段長達十年之久。對老牌大企業而言，管理多個品類其實比成立經營單一品類的新公司要複雜得多。

但是康寧定義、開發、統治新品類的能力的確讓公司在幾十年後仍然生氣蓬勃、充滿活力。雖然舊品類慢慢衰退，但新品類再造了康寧。如果不設計品類，任何公司都會變成乏善可陳的消耗品，像Unisys，Alcatel-Lucent，AMD，或SAP。康寧證明了老企業可以內化品類設計。如果老牌大企業要推動品類思考，本書所寫的所有內容都可以在公司內部進行。品類設計不只是給想攻下城牆的海盜，對已經攻進城內的海盜也大有幫助。

新一代持續性品類創造機器

二〇〇〇和二〇一〇年代裡蘋果成了世界上最有價值的公司，因為它持續創造出潛力驚人的新品類。首先是iPod和iTune，再來是iPone，然後是iPad，蘋果手錶可能也是其中之一。目前，由提姆．庫克所領軍的蘋果公司所面臨的最大問題是：公司的品類創造機器到底是公司機制的一部分，還是來自賈伯斯的腦袋？如果是後者，那麼蘋果還是能靠著收割驚人的現有品類潛力長時間維持豐厚的利潤，但終有一日品類潛力會慢慢枯竭，投資人將視蘋果為品類收割者而非品類創造者。

本書撰寫之時，亞馬遜和谷歌這兩大科技品類傳奇公司看似建立起了即使目前的領導人下台也能持續有效運作的持續性品類創造機器。因此我們透過品類設計的角度來分析這兩間公司過去的作為，找出或許值得其他人師法之處。

先談亞馬遜。上一章裡我們探討過亞馬遜如何有效運作飛輪，持續擴張線上零售品類，按部就班地開發品類潛力，從書本、光碟片，到所有物品。但是亞馬遜也同樣展現出在既有事業體以外開創全新品類的執著。亞馬遜雲端運算開創了公共雲端運算服務，即使在大敵谷歌、ＩＢＭ、微軟的環伺之下，依然穩居品類王。二〇一五年亞馬遜首次公佈亞馬遜雲端運算的營運數字，該事業的年營收高達六十三億美金，年成長率五〇％。分析師認為亞馬遜在該品類的市佔率超過谷歌、ＩＢＭ、微軟的加總。亞馬遜另一成功的品類創造是Kindle電子書閱讀器。Kindle於二〇〇七年問世，到了二〇一五年單純電子書閱讀器已經失去品類潛力，漸漸被平板或大螢幕手機取代。但是在Kindle當紅的時候，它建立起電子書市場，穩坐電子書閱讀器之王，並且擊敗其他想分一杯羹的競爭者，像是巴諾書店推出的Nook。

亞馬遜真正值得借鏡之處是執行長傑夫·貝佐斯培養出鼓勵品類創作的企業文化的方法。他從一開始就不斷教育投資人亞馬遜會把部分利潤用在品類創造上。「我們寫在一九九七年致股東書的其中一項，就是亞馬遜將大膽嘗試並且有些嘗試將會失敗。」貝佐斯說。他也教育公司員工從品類創造的角度去思考。「根據公司的能力來拓展生意版圖並沒什麼不對，」他告訴我們，「但是長期來看，你會清楚發現如果你不願意學習新技術和增加公司新的競爭能力，終究會被淘汰。」

貝佐斯在二〇一四年一場研討會上告訴觀眾亞馬遜踏入新品類的途徑有二。第一種的例子是Kindle：「由客戶需求發展出我們的技術。」換言之，亞馬遜因為公司外部關係獲得了市場構想（對電子閱讀器的需求），只是當時還沒有能力或技術做出自己的商品。亞馬遜對硬體設計一竅不通，於是一鼓作氣招募了所有它需要的人才。另一種亞馬遜發掘新品類的管道是「由我們的技術出發，尋找新客戶，」貝佐斯說。這就是亞馬遜雲端運算的故事。貝佐斯的一名主管，安迪·賈西（Andy Jassy）看見亞馬遜經營一個龐大的交易和資料系統，生出了出租公司運算空間和技術給其他公司的想法。「我們試著想像一名住在宿舍的學生希望能夠自由使用世界上最大公司的基礎設備，」賈西說。「我們覺得可以享受和大型企業一樣的成本結構，對新創公司和小公司來說是提升戰力的大利多。」在當時，這樣的營業項目前所未聞，而且目標客戶也和亞馬遜既有的線上購物消費者截然不同。賈西寫了一份簡報呈交給貝佐斯，獲得在二○○三年成立亞馬遜雲端運算的許可。

貝佐斯培養出的企業文化確實理解公司觀點的力量。亞馬遜雲端運算和Kindle能成功是因為兩者都是從堅定的觀點開始出發。Kindle的目標是提供書籍一般的閱讀經驗，再加上隨時連線的優勢。亞馬遜雲端運算的宗旨有二；第一就是任何學生或創業者都可以利用亞馬遜系統的效能，第二就是「用多少付多少」，也就是說消費者只需要付自己有使用的部分，不需要一開始付一筆固定費用。亞馬遜雲端運算的商品成了新創界的寵兒，成立早期就拿下如Dropbox和Airbnb等客戶。

最後，Kindle和亞馬遜雲端運算在亞馬遜內部形成了各自的小飛輪，推動公司前進，吸引生態系統，剔除競爭對手。但是這些小飛輪，有時也出乎意料地強化了亞馬遜本身的大飛輪。亞馬遜雲端運算轉化了亞馬遜的企業形象。在雲端運算出現前，亞馬遜被視為善用技術能力的零售商；雲端運算出現後，亞馬遜被視為科技公司，這不但改變了公司能吸引到的人材，也給了亞馬遜未來進軍其他技術市場的敲門磚。成功的新品類可以改變母公司的調性。

不過，亞馬遜也做過一些大投資讓人覺得這間公司似乎又不是很懂品類設計。二〇一四年，亞馬遜試圖行銷自有品牌Fire手機，直接和品類王iPhone正面對決，二〇一五年亞馬遜關閉整個計畫。對該次失敗的其中一種解釋是，亞馬遜內部雖然有創造新品類的意願，也有相對應的內部機制能執行，但卻沒有完全使用品類原則找出真正適合的品類是什麼。建立新品類可能是領導者的含蓄動作，並未明確指示。所以公司可能對新產品和經營模式有比較嚴謹的系統，但品類設計則無。總之，亞馬遜有時候也陷入追求「更好」而非「不同」的圈套。

這是給大企業們的教訓之一：當大企業在討論推出新產品或服務時，其中的關鍵之一是看這項產品或服務是否能定義一個新品類，還是會進入一個已經有品類王坐鎮的現有品類。如果大企業能明白此理，就比較不會做出花大錢進攻他人領域的行為。

亞馬遜無疑展現了一家龐大、地位穩固的品類王仍可藉由設計、開發、統治新品類來自我再造。我們尤其喜愛亞馬遜的「由客戶需求發展出我們的技術」或「由我們的技術出發，尋找新客戶」概念。這些話貼切形容了康寧數十年以來做的事：同時尋找來自公司內部的技術構想，以及來自公司所接觸的外部世界的市場構想。對我們來說，這似乎已經完整定義了長青企業裡洗鍊、有條理的品類設計執行。

谷歌二〇一五年決定成立Alphabet控股公司，看來目的也是將公司塑造成持續性品類創造機器，並且聰明地區隔開品類收割和品類創造。谷歌搜尋是歷史上最成功的科技品類王。二〇一四年谷歌六百六十億美金的營業額幾乎全部來自搜尋業務單位，該公司佔有全世界百分之七十的搜尋市場。目前谷歌應該是打算盡量從這塊金雞母業務掏出所有金蛋，但這和品類設計是截然不同的思維邏輯，而谷歌的領導團隊顯然打算繼續創造，不甘於收割。在公佈成立Alphabet的部落格文章中，執行長賴瑞・佩吉寫到他的合夥人「謝爾蓋和我嚴肅看待開發新事物這門生意。」所以佩吉和布林讓管理「現在」生意和創造「未來」生意兩件事脫鉤。

谷歌內部有創業精神的執行高層們一定曾經被困在搜尋業務的沈悶漩渦裡。被萬有引力拉住的領導團隊們一週工作八十個小時，內容是業務檢討、回應客戶需求、會見投資人等等。這是經營公司的基本功，但缺點是一心專注於核心業務的領導人可能會覺得喜歡發想新玩意兒的人有點煩。於是，那些積極想要創造下一門好生意的人總是得不到足夠的時間、關注、資金。從品類設計的角度來看，能夠培養創新精神同時維持手上核心業務的策略是聰明的策略。

Alphabet事件告訴了我們大公司必須清楚分辨收割和創造兩者的區別，並劃分疆界。這並不容易，投資人通常會偏好兩者之一。谷歌／Alphabet就是要把收割和創造的分界放進公司結構裡。

品類設計和自欺欺人

Salesforce的執行長班尼歐夫在二〇一五年直接把砲口對向SAP，因為他看出SAP在企業雲端服務的孱弱。他告訴分析師：「我們很確定要擊敗一家公司，那就是SAP。」他接著說：「SAP唯一的創新只是文字遊戲。他們應該要試著寫些軟體程式。」坦白說，我們笑了。但是班尼歐夫苛刻的攻擊後面，其實是很多老牌大企業無法突破窠臼創造品類的殘酷現實。通常這些企業相信自己正在做品牌設計，事實上並沒有。我們稱為：自欺欺人。

SAP是由五個前IBM工程師於一九七二年在德國成立。公司最早的業務是替企業主機開發薪資和會計軟體。在十年之內，SAP的產品漸漸演變成整合所有企業內部流程的軟體，而SAP也創造了企業資源規劃（ERP）軟體這個新品類。SAP創造品類時有很強大的觀點，相信會計、製造、配置等行為應該要在一個整合環境中共同運作。該公司成了企業資源規劃軟體的品類王，成長為科技巨擘，筆者們的確十分敬佩SAP早期的成就。一九九〇年代，財富前五百大公司裡絕大部份都在自己的主機系統內導入SAP軟體。

在二〇一〇年代，SAP發現自己和希伯系統有相同的隱憂：如果有新公司創造出雲端企業資源規劃服務品類，產品比SAP簡單好用，有彈性又更便宜，那SAP將和希伯一樣滅亡。所以有些內部人員覺得公司應該搶先出擊，主動創造這個品類。但是，別忘了SAP一向致力於收割原有的企業資源規劃軟體品類，這不但利潤豐厚，投資人也很支持公司的穩健策略。邏輯上，如果SAP推出雲端版本的企業資源規劃服務，其實是在打擊SAP目前的營業項目；後者的利潤全部來自於客戶支付的高額系統維護費用。這是典型的創新者兩難：即使你知道這麼做是正確的，但真的要侵蝕自己原有的市場嗎？

SAP的確在雲端技術方面採取了一些行動。二〇一一年它買下提供雲端人力資源管理服務的矽谷公司SuccessFactors。差不多同一時間，SAP內部成立了HANA單位，主要目的是提供雲端版本的資料庫管理系統。

然而，如果SAP真的不想步上希伯系統的後塵，其實應該改採以雲端為主軸的公司觀點，然後不要在乎新品類會破壞舊品類的可能。這會是賭上整間公司的「宏偉艱難大膽目標」，就像IBM在一九六〇年代決定投入system/360一樣。但最後現實發生的情況是：因為公司已經有SuccessFactors、HANA，和一些其他雲端附加服務，SAP的高層相信自己已經設計了新的雲端品類，雖然他們其實只是一邊保護原來的核心業務，一邊試試雲端的水溫。總之，SAP並沒有認真看待新品類的定義與開發，只是在自欺欺人。就像很多大企業的領導團隊一樣，SAP的團隊仍然聚焦在收割，然後投資一點在未來上以紓解自己的恐懼，卻不是真心投入。他們自我欺騙正在創造一個會顛覆舊品類的新品類。同樣的情況也發生在一九九〇年代的報業，各大媒體紛紛架設網站但並不接受印刷已式微；或是大學紛紛增加線上開放式課程。相信這樣就能抵擋網路和雲端的影響。SAP說自己正在轉型為雲端企業資源規劃品類王，這只是笑話。

SAP絕不是唯一。大企業裡的萬有引力很強大，品類收割也很難和品類創造相互整合。大部份品類收割者宣稱自己在創造新品類時，多半是自欺欺人。這不是在辱罵這些公司，這只是當公司股東重視季度表現勝於一切時發生的現實狀況。

停止自欺欺人的辦法之一是把品類創造內建於公司的業務精神之中，並且教育投資人何謂品類及品類潛力。康寧做到了，亞馬遜和谷歌正在努力。但還有很多很多的企業尚未開始。每一位真正希望能創造品類的公司領導人，最好的第一步或許就是看著鏡子老實問自己：我們到底是不是在自欺欺人？

如果不是科技公司呢？

首先，如果你覺得你的公司不是科技公司，那我們建議你去讀讀馬克・安德信（Marc

Andreessen）二〇一一年的宣言《為何軟體正在蠶食這個世界》。你會恍然大悟原來這世界上每個產業裡的每間公司都是科技公司（除非你是在一間快要關門大吉的公司）。不管你是賣甜甜圈或鞋子，蓋建築物或是操作鐵路，你都是一個可以利用品類思維來增加勝算的科技公司。

話雖如此，我們還是想要深入了解消費性產品公司像是啤酒或刮鬍刀，是怎麼看待品類設計。為此我們找了第一章曾提到過的劍橋集團的尹艾迪。他追蹤了像寶僑和百威英博集團等公司的品類創造情況。他對這些老牌消費性產品公司內部品類創造的故事有個非常驚人的結論：乏善可陳。他幾乎講不出任何一間公司內部有組織化的品類創造流程。

不過他還是就他看過的例子提出這些大消費性產品公司出現過的四種品類創造模式。這些例子可能都是獨特的個案，但還是能增進我們的了解。

雀巢推出Nespresso咖啡機時採用的是特殊小組做法。在一般業務團隊之外設計特殊小組是克里斯汀生對創新的兩難的答案。尹艾迪很少看到成功的特殊小組。雀巢Nespresso咖啡機最早是一九八〇年代的一個小計畫。當時沖泡義式濃縮咖啡的機器和雀巢食品業務毫不相關，但即使到了一九九〇年代整個計畫還是處於虧損的狀態，雀巢仍然對該計畫情有獨鍾。一直到二〇〇〇年代，Nespresso咖啡機終於大放異彩成為全球品牌。

有些大公司只有在內部有冒險家決定不顧規則先做了再說的時候，才創造出新品類。尹艾迪說這是莎莉公司（Sara Lee）推出市場上第一個安格斯牛肉熱狗的情況，現在這項商品每年市場價值高達一億美金。但尹艾迪也說，大部份冒險家的故事結局很少這麼美好。

吉列的歐樂B深層律動牙刷則是全公司緊急總動員的故事。深層律動牙刷是有旋轉刷毛的電動牙刷。二〇〇一年的執行檢討會議裡，執行長吉姆·柯伊特（Jim Kilt）發現對手佳士潔（Crest）計劃用SpinBrush產品創造新的口腔照護品類。在此之前，消費者的選擇不是便宜的手動牙刷就是昂貴的電動牙刷。佳士潔發明了介於兩者之間的折衷產品。但是柯伊特相信吉列可以做出更好的產品，然後趁消費者還沒建立起忠誠度前搶佔品類。他下令全公司投入新產品計畫，甚至舉辦了創新大會讓吉列內部各個部門能夠交流彼此的想法和技術。結果，我們覺得，歐樂B的深層律動牙刷仍然是晚了一步。深層律動牙刷和SpinBrush的確打開了新品類，可是該品類目前仍未出現明確的品類王，這或許也是該品類始終沒有大受歡迎的原因之一。

在老牌消費性產品公司裡出現真正的品類設計，尹艾迪只能想到下面這個例子。二〇〇〇年代中，啤酒巨人百威英博集團（Anheuser-Busch）決定為了企業成長而跨足蒸餾性烈酒。但是烈酒的生產、配送、行銷、包裝等一切操作都和啤酒大不相同。於是百威英博集團透過類似彼得·杜拉克的分析法找出市場機會和集團的優勢後，決定創造以啤酒（不是龍舌蘭）為原料的新調酒（靈感來自瑪格麗特雞尾酒）品類，然後以啤酒罐的包裝銷售。這就是百威Lime-A-

Rita的由來。該款淡啤酒於二〇一二年推出，到二〇一三年品牌的年營業額已達四億七千二百萬美金。百威成功創造了罐裝啤酒雞尾酒品類並且榮登品類王。

不過，最後尹艾迪告訴我們：「美國企業字典裡尚不存在『品類創造』一詞。」我們在此斗膽建議這個詞應該存在。在我們之前的諸位管理學大師，像杜拉克、克里斯汀生、摩爾、柯林斯等人已經不斷呼籲企業要大膽思考，對抗萬有引力，而且要創新。我們相信在這個超級網聯時代，品類創造更是企業管理學的重要部分。

玩更大的持續性品類創造教戰守則

第一步：誰？

每一個人。當然，執行長要鼎力支持品類設計並推動整個計畫前進，但是公司越大，公司文化的影響力也越大。一位執行長不可能直接影響上千名員工和眾多部門。執行長必須是公司文化的領導者，而文化則包括了品類思維，員工們不只應該認為品類設計是自己的工作，而且還是工作中最棒的部分。

第二步：教育投資人

如果管理團隊只重視利潤和每季財務數字，絕不可能創造品類。大部份老牌大企業的投資人都期望公司表現得像典型老牌大企業，也就是穩定成長、股利豐厚。如果你是想做品類設計師的執行長，你必須得到股東的支持，或是換一批新股東。

第三步：善用時間優勢

新創公司永遠都在和時間賽跑。靠創投資金的科技新創公司必須在六到十年的時間內成為品類王，否則很難創造出長期價值。成熟穩定的企業就可以利用自己的時間優勢。長青大企業多半比較有時間去解決深層困難的問題，找到問題對策就可以轉化成新創公司能力所不及的重要新品類。不管是維持研發部門（康寧）或是聘雇新技能員工（亞馬遜），請持續地投資知識和技術。時機一到，就能用你的知識技術好好把握住品類創造良機。

第四步：不止聽見「更好」，要聽出「不同」

客戶總是要求「更好」，但你要聽見「不同」。找找匱乏在哪裡，而不是哪裡可以改進。

賈伯斯是箇中翹楚，總是能推出大家都還不知道其實自己很想要的產品。《創新的兩難》裡提到很多公司被困在「更好」的圈套裡，但是「更好」是品類收割的策略，「不同」才是品類設計。

第五步：展開品類設計

品類設計學說不單單是用於科技公司。長青大企業適用，甚至中型地區性企業、非營利組織，或任何想要發揮影響力的組織都可以採用。當你發現了一個品類，請開始制定觀點，發展品類藍圖和生態系統，設定閃電戰日期，動員組織，然後推動飛輪運轉。

第六步：別自欺欺人

除了萬有引力之外，「自欺欺人」是老牌大企業面臨的最大的問題。大部份大企業明顯認為新品類將會取代手上的舊品類。不要以為你在新品類裡推出一些低成本、沒誠意的產品然後一邊保護舊品類的利潤就算是大功告成了。與其等其他人開創並佔領了新品類，最好還是自己開發，然後成為品類王。反正，你的舊品類總有被淘汰的一天。

第七步：管理品類組合

大企業裡會有好多個分處於不同階段的品類。有些品類已經成熟到可以收割，有些還需要繼續創造發展。公司必須建立能同時培養不同品類的結構才不會彼此拖累，像是谷歌／Alphabet的機制。讓品類收割者負責收割，品類設計者負責設計，清楚區分不同。公開討論，談談你覺得可以收割多長時間；找來公司最優秀的人才開會討論如何創造出會威脅到目前營業項目的新品類。清楚陳述公司策略：公司裡收割和設計的比重各占多少。建立起追求新品類的公司文化，即使改朝換代公司仍然能夠不斷更新品類潛力，保持活力。

對了，最後一點：記得雇用懂得在個人事業發展上運用品類思維的員工。下一章我們會談到這部分。

第十章

你要如何玩更大

定位你自己或是被人定位

我們談過的品類思維和品類設計其實大部份都可以應用在個人的生活和事業上。至少，我們自己都確實做過。

我們想分享一個大衛的故事，這又是一個寫書過程中突然蹦出來的故事。大衛是從小在愛荷華長大的農家男孩，大學則是某間大部份人都叫不出名字的愛荷華學院。二十五歲時，他搬到矽谷，毫無工作經驗的他希望能在廣告公司踏出事業的第一步。他很快就替當時在Vantive軟體公司擔任行銷長的克里斯多夫工作。年紀只比大衛大一些的克里斯多夫馬上在工作上倚重大衛，兩人建立起緊密的工作關係。有一次，大衛因為要準備呈交給美國證交委員會的文件，需要列出公司執行高層們的薪資所得。他發現克里斯多夫的薪水是自己的十倍。大衛受到很大的打擊，因為他一直相信高薪的管理階層都是從基層慢慢升起，五十幾歲左右的中年人士。所以大衛走進克里斯多夫的辦公室。「我比所有其他人都努力工作，」他激動地說：「你只比我大了一歲半，已經是這間公司的行銷長。我不知道自己還能怎麼努力，怎麼提供更多價值，但我仍然是公司裡最低階的員工。我的薪水少得可憐，連帳單都繳不起！」

這時克里斯多夫做了件只有他做得出來的事，他面無表情地看著大衛說：「聽著，大衛，在業務和你自己的職業生涯裡你有兩個選擇。你可以定位你自己，或者是被別人定位。我把自己定位成這間公司的行銷長，而你則是被定位成公司裡地位最低的員工。」

不久之後克里斯多夫加入Scient，大衛則決定不再做公司最底層的人，要從高處入手。他為了擺脫過去的包袱搬去了東岸的波士頓，然後以行銷長的身份加入一家很小的新創公司。他的目標就是我們之前提出的建議：調整市場看法，讓市場將他視為高階管理人。這個決定讓大衛最後進入Coverity掌管行銷。

品類設計對這本書的每一位作者來說都是生命中的重要部分。我們都曾經被定位在我們不喜歡的角色裡。克里斯多夫因為拼字障礙，必須不斷對抗他是笨蛋的形象，如果失敗的話他可能成為在蒙特婁街頭賣藝的彆腳音樂家。阿爾可能會是個每天吃維吉麥（Vegemite）的衝浪人。大衛可能會在愛荷華州照顧牛隻。凱文可能是在賓漢頓的地方報紙撰寫哪家三明治最好吃之類的報導。我們必須自我定位，才不會給別人定位我們的機會。

當我們看見偉大的公司如何執行品類設計時，我們發現成功人士也在做一樣的事。品類設計是能在逆境之中增加公司勝算的策略。它的內涵包括去接受你的公司並非獨立存在，並且調整市場對你的看法；包括發掘出人們需要解決的問題並且提出新的解決辦法，因為光是好的辦法是不夠的；包括善用「不同」的爆發性潛力，而不是「更好」的有限增值。

很多人直覺地在事業上執行了品類設計因此名聲大噪。穆罕默德．阿里成為世界上最有名的運動員，是因為他創造出和過去截然不同的拳擊手品類。他在拳擊場內舞動誘敵，在場外又能言善道，而且套句他的話，他永遠都很漂亮。在阿里之前有幾個拳擊手會說自己漂亮？甘地（Mahatma Gandhi）有可能只是又一個革命運動者，但是他發明了非暴力反抗運動的品類，而且讓市場（印度人）相信他可以用新方法解決大家最迫切的問題（脫離英國統治）。在電影「美國風情畫」後，喬治．盧卡斯大可以成為另一個好萊塢的成功導演，但他踏上「不同」的道路。盧卡斯在舊金山灣區創業，投入電影技術和電腦特效，最後成為科幻小說敘事品類王。

個人品類王不必非得是國際知名的超級巨星，就像企業品類王不需要個個都是臉書或亞馬遜。我們生活裡每一層級的專業領域都有品類王。我們知道這些人的存在因為他們令人印象深刻，做的事與眾不同，對他人產生影響。他們在宇宙留下的足跡或許很渺小，但切切實實留下了足跡。

我們想到一些生命裡曾經出現過的重要個人品類王，相信你的生命裡也出現過類似的人。對大衛而言，化學老師賴瑞．克拉克（Larry Clark）因為做了不同的事，影響了他的人生。在大衛所處的愛荷華高中環境裡，克拉克創造了當地不存在的品類：生涯導師。他有觀點：學生才是重點，不是規則也不是分數。他的產品或服務？他為想要逃避複雜高中叢林生活的學生提供一片清靜地，在那裡學生可以分享心情。他還付錢請這些學生做一些其實根本不需要做的雜務（大衛說他幫克拉克油漆同一棟小屋達十次之多）。對大衛影響至深的是克拉克教他在困頓之時永遠要用更遠大的心胸來思考。

阿爾在澳洲第一份工作的老闆是考菲爾德技術學院（後來合併入蒙納許大學）的前統計學教授約翰．葛雷（John Gray），後者當時負責管理BHP鋼鐵的西港廠房。在還沒有任何人聽過以前，葛雷就有了用電腦處理「商業情報」的願景。在葛雷的心目中，有一天管理鋼鐵廠的人可以在資料庫裡輸入簡單的問題，然後獲得統計數據正確的答案。他雇用阿爾一起建立這套系統，希望西方的鋼鐵公司能夠運用這套系統對抗日本公司生產的高品質鋼鐵。他的做法不是「更好」而是徹底地「不同」。同時阿爾也瞭解到原來資料可以是解決問題的新方法，這也啟發阿爾日後成為第一位將資料運用在澳洲的美洲帆船杯的人，後來還創辦了Quokka。

當凱文還是紐約州賓漢頓鎮一名青少年冰上曲棍球員時，他在一家狹小的地下室溜冰店打工，老闆是上了年紀的哈洛．賓姆（Harold Beam）。賓姆年輕時曾經是全國競速滑冰選手，是鎮上的傳奇人物。他的溜冰店成了當地所有溜冰人士的必訪之地。也許其他地方的溜冰鞋更便宜，但只有賓姆的店提供專業諮詢。賓姆就是高級溜冰知識的品類王，而凱文則學到了與其和其他大運動用品店齊頭競爭，不如像賓姆一樣開發出屬於自己的「不同」品類。

住在蒙特婁的克里斯多夫也從莫伊．威廉斯基（Moe Wilensky）家族的傳奇小吃店Wilensky's Light Lunch學到類似的一課。克里斯多夫十一歲時由父親帶著第一次踏入這間小吃店。小吃店成立於一九三二年，曾獲《漫旅雜誌》（Travel+Leisure）選為世界上最好吃的三明治之一，安東尼．波登的電視節目也曾經做過專訪。你別想叫裡面的員工不要放芥末醬或是把三明治切半，沒人會理你。每位顧客獲得的待遇都一模一樣。後來出現的麥當勞、Subway、星巴克，和其他數不清的連鎖餐廳都無法撼動這間小吃店的地位。Wilensky's是單一地點的品類王，背後的觀點就是整個家族對商品的堅持。這個家族設計了與眾不同的餐廳利基，充分證明即使是小型的地區企業，只要有強大觀點，也能突破重圍、歷久彌新，成為全國亮點。

生活裡的品類設計

可能你在閱讀前面章節時已經想過要如何在日常生活裡運用品類設計。為了更清楚說明，我們將簡短地介紹這本書裡面討論過的每項方針，並且以更貼近個人生活的角度來切入。

個人不太可能需要去做企業所做的每件事，但即使只遵循其中幾項方針也能讓你脫穎而出，變得更有效率，在市場上更加搶手。最終目的就是把你的格局變得比以前更大。

品類是唯一的策略

個人要成功的重要條件除了你是誰和你能做些什麼之外，你周遭的環境也一樣重要。當你找出解決老問題的新方法或是找出一個大家都還沒察覺的問題，你就創造了一個品類。如果你能夠精準的陳述問題，大家會認為你知道該如何解決。

如果賴瑞・克拉克沒有去大衛的高中任教，那學生和家長將永遠不知道校園裡的匱乏：學校團體內需要一名教師擔任生涯導師。克拉克用行動定義出匱乏也顯示了他能夠解決這個匱乏，因此他充滿價值。世界上的每一所學校或辦公室或組織都有等著被解決的特殊問題，或者是始終無法有效解決的老問題。所以創造品類並且成為品類王的最好方法就是找出這些問題，簡潔地定義問題，讓其他人也看到一樣的問題。很有可能大家就會視你為解決問題的不二人選。

我們說過在商業界品類王獲得了品類裡絕大部份的經濟利益。在個人層面我們相信同樣的情況也會以不同的形式呈現。如果你以解決某個問題出名，人們對你的需求將遠高於第二名。就個人層面來看，或許公司會請你擔任重要的管理職位或是解決大問題的第一人選；你的朋友有問題也會第一個找你，因為他們看重你的意見。

找出你的品類

我們說過公司通常是先有市場構想（先看見需要解決的新問題）或者是技術構想（先發明出可以用在問題上的新技術）。傑夫．貝佐斯在亞馬遜有另一套說法：找出你的技術可以解決的新需求，或是找出你的技術後看看可以用在哪裡。

不管哪一種，同樣的思維邏輯也可以用在發掘個人品類上。想想你自己的技術和知識，然後尋找尚未被滿足的需要。如果你的能力不足，就加強自己的能力，上課進修，做什麼都好。貝佐斯哲學其實內含平衡之道：需求一定要和技術相配，技術也一定要和需求相配。如果你找出了一個自己能力永遠也無法解決的問題，對你一點用也沒有，就好像亞馬遜即使找出了這個世界真正需要的起重機，對公司也是枉然。

當你在思考個人品類策略時，請永遠記得「不同」和「更好」：如果你追求的是「更好」，你只是一步步走進其他人的戰場，永遠都要博取注意力並且無時無刻證明自己才是更好的。如果你追求的是「不同」，你就不用走前人的老路，而是踏上自己的旅程並且直接把自己放在最高點。這不會是條輕鬆的路，事實上，與眾不同是很辛苦的。但是到最後，這條路也會帶著你站上更有利的位置。

同時間內設計好你的三腳吧台椅

好吧，我們指的就是金三角，但在我們心中最貼切的說法永遠是三腳吧台椅。以企業而言，在同時間內設計好的公司、產品、品類是非常重要的。

我們相信這個建議在個人層面一樣適用。同步設計你自己，你能做些什麼，還有你的品類。設計你自己可能包括開發一套自己的信念，一套符合自身專業和品類的生活方式。產品就是你對世界的貢獻，設計產品則是發展你的能力。然後設計你所處的環境，環境除了要符合你的能力水準也要帶點挑戰性。

一間公司的價值主要看三部分。第一是所處品類的市場潛力；第二是公司在該品類的地位，因為品類王拿走最大塊的餅；第三則是公司表現，要證明公司能夠滿足自己對品類所做的承諾。這套準則也能套用在個人身上。不管你希望如何評估，你的價值都受到這三件事影響：你的工作的市場潛力，你在市場的位置，和你能滿足承諾的證明。這三樣缺一不可。如果你做的承諾超出能力範圍結果無法完成，你將陷入困境。如果你總是順利完成任務，但是沒有拓展品類潛力，你無法成長。所以在做事業相關的決定時，要同時思考三部分。

做過很多事情並不代表你就能在事業上成為品類王。十年工作時間不等於十年的經驗。你要有意識地設計自己的職業生涯。不管你想塑造的個人品牌是問題解決者，或是創意人士，或是業務高手，每一份職場經歷都應該能帶著你跨出建立個人品牌的下一步。不要用做過的事情來定義自己，要想辦法做出對你生活產生實質影響的成果，用這些成果來創造設計你自己能夠領導，能夠產生更多價值的品類。

發展出你的觀點

現在是你躺上心理醫師診間沙發的時候。在品類設計的流程裡，公司所要做最重要的事情之一就是找出公司觀點。這包括了深入理解公司精神，以及研究公司為何存在和對世界的貢獻為何等問題。

找出自己的觀點能讓人把自己從裡到外看得透徹。你如何定義自己，還有你對這個世界的意義是什麼？你希望別人怎麼看你？你能解決什麼問題以及你的解決方法是什麼？把答案寫下來，反覆修改直到像一篇專業簡報為止。如果你只有十分鐘可以推銷自己，希望當你講完你的觀點後每個人都和你起了共鳴。你的觀點決定了你是什麼樣的人，你的不同之處在哪裡，為什麼別人應該記得你。如果你能身體力行自己的觀點，自然能吸引對的人進入你的生活，也能把錯的人驅逐出去。

調整市場

偉大的品類設計者能調整市場，讓市場接受公司的觀點。如果你與眾不同，如果你找出了其他人還沒察覺的問題，那十之八九市場還沒有辦法接受你。所以你一定要調整市場。在蘋果端出 iPhone 以前，沒有人覺得自己需要 iPhone。「只要你做得出來就一定有市場」這一套現在不一定管用。蘋果必須協助消費者了解 iPhone 能夠解決什麼問題。還記得「每件事都有應用程式！」（There's an app for that!）廣告嗎？那就是蘋果教育市場看見問題的方法，並且把 iPhone 塑造成解決問題的辦法。

你不太可能在電視上幫自己打廣告，但是調整市場有很多方法。工作上，你可以報告給重要主管，向同事做簡報，或是在LinkedIn和推特上推銷自己。散佈訊息的管道不斷改變，但唯一重要的是：把訊息散布出去！如果你發展出強而有力的觀點，你就能傳遞出清楚的訊息，打動他人。別忘了，你的目的是影響別人的大腦細胞，讓他們看見你陳述的問題，同時視你為問題的正確解答。

設計一套生態系統

好的品類裡，品類王周圍會產生一套生態系統。對公司來說，生態系統可能包括客戶、供應商、開發商、合作夥伴，還有實體和虛擬的社群。這套生態系統仰賴品類王為生，同時也放大品類王的作用力，像是推出附加產品或是對外宣傳品類等。

個人也需要生態系統。個人品類王一般都善於打造出有支持者、追隨者、夥伴、同事的社群。請有意識地進行。

多和你信任的人相處，對他們比對你自己好。和人建立除了公事之外的連結。品類會自然加冕品類王，你身邊的人也會替你帶來成功。這些人將會成為你未來事業上的團隊，並且幫助你自我定位。

啟動閃電戰：然後，動起來

當公司決定建立品類並且成為品類王後，它們會訂下閃電戰日期，目的是一次綻放所有的能量震撼市場贏得注意。另一方面，閃電戰也是激勵公司全體動員的工具，讓公司裡不管任何部門的員工都感受到時間壓力，為閃電戰做萬全準備。

對個人，閃電戰既是絕佳的動力也是開創新局的事件。閃電戰應該是公開的大目標，像是音樂獨奏會或是重要工作簡報。一旦閃電戰的日期抵定，你必須全力以赴才能打贏。閃電戰是最好的鞭策者。

站穩腳步，接著拓展你的品類

亞馬遜以賣書起家，站穩腳跟後才拓展到其他商品的零售。它並沒有在開業第一天就說自己將成為下一世代的零售霸主。品類傳奇永遠在尋找拓展品類的方法，增加自己的品類潛力。個人也該如此，這就是你成長、迎接新機會和創造他人對你的需求的方法。如果你在一家小公司裡已經是產品設計的品類王，也許你該加入一間更大的公司。如果你已經是鎮上最棒的廚房裝修師傅，也許你應該開始裝修整棟住宅。站穩你原本的位置，然後開始水平或垂直地移動，尋找符合你技術的需求，或是想辦法去獲得可以滿足需求的技術。

請做一名品類創造者直到你覺得「大功告成」為止，當你已經是一個市場規模大到讓你心滿意足的品類王為止。然後從品類創造者轉型為品類收割者。或許在鎮上做室內裝修品類王對你而言已經足夠，那就把焦點放在執行，放在賺錢，放在滿足客戶，還有貢獻社會上。以品類王之姿退休，留下好的典範，就像賴瑞·克拉克、約翰·葛雷、哈洛·賓姆、莫伊·威廉斯基一樣。

品類王進場時都是海盜、夢想家、創新者，而真正的品類傳奇則將以英雄之姿退場。

再會，感謝

書是一種很有意思的商品。在讀者的腦中一本書是單一完整的產品，閱讀時無法察覺這本書花了多久時間完成。或許看起來我們一開始就精通書裡所有的內容，只是找時間把腦子裡的想法寫下來而已。但事情完全不是這麼一回事。

剛開始的時候我們腦中有很多像是矽谷、品類王、閃電戰戰術之類的無形知識。接著我們展開資料研究，訪談了一系列品類王的創辦人，然後深入研究其他數十間企業及個人。做完這一連串功課，我們四人開始在克里斯多夫位於聖塔克魯茲的家定期聚會。我們會針對書裡的觀念討論爭辯一整天甚至更久。四個人聚在一塊兒的神奇作用是我們會補強彼此的想法，最後發展出更高層次的內容。我們喜歡把自己想成披頭四的約翰、保羅、喬治、林哥，因為這四人合組的樂團比所有個人的加總都偉大。每一次聚會討論之後，凱文會離場，寫下我們剛剛討論的內容，然後分享給大家。看到自己的話打成文字會激發出新的想法，展開另一場討論，讓討論的內容比上一輪更好（至少我們這麼覺得）。凱文會再度離場，把討論打成文字。經過幾回合後，我們會彙整歸納成一個章節，然後繼續往下個題目前進。

就在其中某一天，我們恍然大悟：我們正在做的就是品類設計啊。

克里斯多夫、阿爾、大衛過去數年來不斷對其他公司提出各種關於品類設計的建議，但從未真正設計屬於自己的品類。我們一起解釋品類設計的整個計畫其實也強迫我們服用自己開的處方。為了要確定這本書是朝對的方向發展，我們必須定義品類設計這個品類（很詭異吧？有點像電影《全面啟動》的場景）。我們要徹底瞭解自己想解決的問題（品類設計能夠幫助公司「玩更大」，增加他們的勝算），也要發展自己的觀點（就是本書第一至三章）。這本書的出版日就是我們的閃電戰，為了這一天我們必須全體動員，在期限前完成所有事情。說到底，這本書其實是我們設計自己品類的產品成果。

為什麼要告訴你這件事？原因有二。

第一，我們知道這一切並不容易。品類設計讓我們想得頭都要爆炸了，讓我們工作地筋疲力盡，也讓我們不得不問自己一些許久不願觸碰的問題。

第二，可是一切辛苦都是值得的。走過品類設計這趟發現之旅，世界顯得清晰無比。品類設計不只是生產一件產品，我們的工作表現因此更加進步，我們自己也成了更好的人。品類設計強化了我們彼此的關係；在閃電戰裡我們提過全體動員也許會導致公司四分五裂，也許會更加團結，我們顯然是後者。總之，品類設計帶著我們離開各自原本的選擇，一起踏上更光明的道路。

要出版此書，表示我們所有的思考和研究總是得停在某處，然後寫成一本書。但是我們知道對於這本書探討的主題，自己的研究其實只是冰山一角。我們期待繼續問出更多問題，繼續在聖塔克魯茲的陽光下思考辯論，並且期許自己能幫助更多海盜、夢想家、創新者玩更大，在宇宙留下他們的足跡。

最後的最後

萬一你讀完了本書還是沒有答案，我們決定還是一一回答本書開頭所提出的那些問題：

一、這些公司都是，或曾經是品類王

二、它們都是持續性品類製造機，至少我們希望蘋果也是。

三、只想要做「更好」，沒想過做「不同」。最後沒有一項成功。

四、就看哪一家公司執行品類設計，建立起自己的飛輪。

五、因為，他就是品類王。

六、品類設計是最新策略！

感謝詞

我們一開始就說了這本書有一團作者，而一個樂團沒有來自大家的鼓勵、愛、支持，以及和其他優秀人才合作，是永遠無法成功的。

我們樂團還包括自始至終參與本書創作過程的家人。凱莉・柯珊提諾（Kari Cosentino）是在聖塔克魯茲的熱情主人並且是作者團的活動長，她剛好也是克里斯多夫的太太。凱莉和克里斯多夫位於聖塔克魯茲的房子，克魯茲小屋，則是本書的大總部。凱莉永遠替我們提供最舒適的環境並且準備無數豐盛的餐點幫我們打氣。她也為了在矽谷宣傳我們正在寫關於品類設計的書，舉辦了許多活動。凱莉的姐妹瑪麗・佛曼則是玩更大公司大總管，她總是確保事情在正確的時間點完成，這可不是件輕鬆的事。

這本書也有第二代的參與。阿爾的兒子盧卡斯・拉瑪丹（Lucas Ramadan）和好友威爾・哈威（Will Harvey）負責書中大部份的資料科學分析。而凱文的記者女兒艾莉森・梅尼（Alison

Maney）則幾乎包下書中所有訪談的謄寫。阿爾的姪女蕾拉・凡・索斯特（Leyla Van Soest）協助本書的行銷活動，而她的丈夫麥克斯・凡・索斯特（Max Van Soest）則負責影像編輯。

我們對佩姬・伯克的感謝非筆墨能形容，她總是在需要的時候鼓勵我們，在自家為我們舉辦品類設計晚宴，並且和她的設計團隊替我們設計出如此出色的品牌、網站、書籍封面。

我們也欠了兩位出版界傳奇人物吉姆・里維（Jim Levine）和荷莉絲・漢包區（Hollis Heimbouch）大人情。在里維葛林博羅斯坦著作權代理商工作的吉姆不只是一名版權代理，他從一開始就協助我們規劃整本書的內容，並且介紹荷莉絲給我們，荷莉絲後來是本書在哈伯柯林斯出版集團的編輯。我們和荷莉絲的合作十分愉快，她是史上最棒的編輯。經過她的修改，本書風格顯得更精緻洗鍊，我們也由衷感激她始終對這個計畫保持極高的熱忱。

我們在此也感激多位出類拔萃的創業家、創投家、投資銀行家，和學者對我們的協助，願意和我們討論並檢視我們的研究和想法：史丹佛大學的提娜・西利格（Tina Seelig），Floodgate Capital的麥可・梅波斯（Michael Maples）和安・穆拉科（Ann Miura-Ko），基準資本的布魯斯・唐里維（Bruce Dunlevie）、比爾・葛利（Bill Gurley）彼得・范頓（Peter Fenton）馬特・寇勒（Matt Cohler）和凱文・哈維（Kevin Harvey）。Accel Partners的吉姆・史瓦茲（Jim Swartz）、李平（Ping Li）、傑克・福羅伯格（Jake Flomenberg）。Sequoia

Capital的吉姆·哥耶茲（Jim Goetz）、馬特·米勒（Matt Millar）和布萊爾·尚恩（Blair Shane）。Lightspeed Venture Partners的拉維·馬特（Ravi Mhatre）和阿立夫·簡莫哈瑪德（Aruf Janmohamed）。Bullpen Capital的保羅·馬提諾（Paul Martino）、唐肯·大衛森（Duncan Davidson），和理查·美蒙（Richard Melmon）。GGV Capital的傑夫·理查德斯（Jeff Richards）。Icon Ventures的喬·霍洛華茲（Joe Horowitz）、傑布·米勒（Jeb Miller）、湯姆·莫漢寧（Tom Mawhinney）、麥可·穆拉尼（Michael Mullany）、班·施（Ben Shih），和黛比·梅若迪絲（Debby Meredith）。Venrock的布萊恩·羅伯茲（Bryan Roberts）。Sierra Ventures的湯姆·顧樂立（Tom Guleri）。Accomplice的傑夫·法格南（Jeff Fagnan）。Wing VC的彼得·華格納（Peter Wagner）和高拉夫·葛夫（Gaurav Garv）。Index Capital的丹尼·里莫（Danny Rimer）。Foundation Capital的史提夫·凡薩羅（Steve Vassalo）和麥可·舒爾（Mike Schuh）。Allen & Company的麥可·克里斯汀生（Michael Christiansen）。高盛的喬治·李（George Lee）和湯姆·恩斯特（Tom Ernst）。摩根史坦利的安迪·基恩斯（Andy Kearns）、吉姆·舒樂特（Jim Schleuter），和彼特·鍾（Pete Chung）。羅比·凡山（Robin Vassan）、傑森·美納（Jason Maynard）、雷·王（Ray Wang）、藍迪·沃瑪克（Randy Womack）、亞當·荷寧格（Adam Honing）、崔·凡薩羅（Trae Vassalo）、史提夫·凡薩羅（Steve Vassallo）和麥

可．舒爾（Mike Schuh）。

我們也感謝所有接受訪問，分享故事的人。這些人的名字已經一一出現在書裡。

下面這段話來自玩更大的阿爾、大衛、克里斯多夫三人：

我們成立玩更大因為我們想指導創業家和企業高層如何建立並統治市場品類，但從沒想過要寫書。可是日子一久，不管是朋友、客戶、配偶、父母，甚至姪女總會說一句，「你們應該要寫本書」。我們十分尊敬推崇的史丹佛教授及作家提娜．西利格也鼓勵我們寫書，還有佩姬．伯克。於是漸漸地，大家有了出書的念頭。

寫書聽起來很困難。有些朋友告訴我們寫書是他們做過最痛苦的事情。一直以來我們替財富雜誌網站和一些科技網站撰寫部落格文章，但我們直覺認為寫書對我們會是個難題。大衛有天一針見血地指出：「如果靠我們自己，這本書可能要二〇八七年才會完成。」唯一辦法是：找一名作者。

但我們不要只是代筆的匿名作者，我們要真正的合作夥伴。我們不要他只是寫下我們已經知道的部分，我們要他也提供他的觀點。

阿爾於是提議去問凱文看他有沒有興趣。然後，為了確定凱文是對的人，大衛和克里斯多夫做了一場壓力測試。於是，不良鮪魚帶著凱文體驗舊金山夜生活，觀察他是否能通過啤酒、波本，和各種不良言行舉止的考驗。最後證明，雖然到了尾聲他必須抓著吧台椅才能站穩，但凱文絕對是最佳人選。

對我們來說凱文成了真正的夥伴。整本書的創作過程因為有他成了一次興奮的冒險；他帶著我們找到對的版權代理，舉世無雙的吉米．里維，幫我們找到出版商和哈伯柯林斯出版集團的「經典催生者」荷莉絲．漢包區，也幫我們寫下本書內容。凱文是我們的秘密武器，因為他的專業經驗和獨到觀點，讓我們三個狂想者的喃喃自語成了你手上這本我們希望你覺得值得一讀再讀的書。

玩更大三人組想要感謝：

史考特．班森（Scott Benson）的平面設計，而且總是在瘋狂截稿期前完成。保羅．史塔茲（Paul Startz）的顧問服務。喬．麥卡錫（Joe McCarthy），公司初期的財務副總。葛雷格．芬利（Greg Finley）、賴瑞．卡麥瑞（Larry Kammerer）、傑瑞．游（Jerry Yu），我們在Moss Adams的財務團隊。威爾．羅比（Will Ruby）對playbigger.com所做得一切。杜威．泰（Dui Thai），我們的商標律師。還有臉書的卡瑞．瑪路尼（Caryn Maroony），提供我們的策略溝通諮商。

我們由衷感謝所有邀請我們接入品類設計過程的執行長、高級主管，和公司員工。這些實際操作經驗幫助我們不斷精練我們的思考。特別感謝：歐芬・卡漢（Opher Kahane）、雅隆・阿密特（Alon Amit）、馬修・柯文（Matthew Cowen）、休・馬丁（Hugh Martin）、艾美・李（Amy Lee）、尚・哈靈頓（Sean Harrington）、吉歐・可雷拉（Gio Colella）、蜜謝拉・羅（Michele Law）、娜塔莉・桑德蘭（Natalie Sunderland）、約翰・道爾（John Doyle）、約翰・麥可克雷肯（John McCracken）、馬亨・巴伊雷帝（Mahe Bayireddi）、亞當・康潘（Adam Compain）、迪亞哥・卡納利（Diego Canales）。

阿爾的話：

謝謝所有曾經影響我的人。給我的爸媽湯姆（Tom）和莉莉恩（Lilian）：你們教育我是非對錯，讓我明白如何照顧家庭並瞭解到教育的重要性。我的妻子克莉絲汀（Christine）三十多年來，不論順境逆境總是在我身邊支持著我。謝謝你，寶貝。我的孩子蘿麗娜（Laurina）和盧卡斯（Lucas），我愛你們。喔，還有家裡的狗狗史奇特，總是陪我散步，沈澱我的思緒。我的姐妹蘇珊（Susan）、梅洛迪絲（Meredith）、葉瑟敏（Yasemin）、簡（Jan），我的兄弟克里斯多夫（Christopher）和大衛（Dave），謝謝你們總是在我身邊。下一個世代的你們：

我永遠感激你們從我們手上接收了這個滿目瘡痍的世界，並仍然努力讓它變得更美好安全。盧其（Lukie）、威利（Willie）、喬許（Joshie）、查爾斯（Charles）、山米（Sammie）、班尼（Benny）、泰勒（Taylor）、凱登（Caedran）、馬特（Matt）、卡洛琳（Caroline）、史蓋拉（Skylar）、馬肯納（Makena）、凱蒂（Katie）、班吉（Benji）、艾琳（Erin）：你們是我的靈感泉源，我深深相信你們會成功。我的姪子和姪女們：蕾拉（Leyla）、珊（Sam）、吉安妮（Gianni）、米麗（Milli）、潔西卡（Jessica）、蓋瑪（Gemma）、傑克（Jake）、卡洛琳（Caroline）、麥可（Michael）、梅拉尼（Melanie）、亞卓安（Adrian）、史都華（Stuart），謝謝你們拯救我的音樂收藏，讓我跟上時代潮流。還有幾位永遠支持我的好朋友：史都華・貝格（Stuart Begg）、羅伯・貝格（Robert Begg）、羅伯・蓋瑞（Rob Geary）、麥可和佩姬・高夫（Michael and Peggy Gough）、莎莉和麥可・亞瑞吉（Sally and Michael Aldridge）、班・瑞威斯（Ben Rewis）和梅樂尼・吉甸恩（Melanie Gideon）、麥特和史蒂芬尼・韓森（Matt and Stephanie Hanson）、麥可和亞莉莎・布洛克（Mike and Alissa Bloch）、爵格和布魯克・史波瑞（Jurg and Brook Spoerry）、班和羅琳達・寇特柯（Ben and Lorinda Kottle）、提姆・羅迪（Tom Rhode）、圖莎・亞楚（Tushar Atte）、約翰・泰勒（JohnTaylor），還有Paw Patrol和XXO的數百名有志一同的工作人員。我的職場導師：菲利浦・史諾索（Philip Snoxall）、約翰・葛雷

（John Gray）、已故的李奧・辛格（Lionel Singer）、約翰・伯川ＡＭ（John Bertrand AM）、迪克・威廉斯（Dick Williams）、巴瑞・偉曼（Barry Weinman）、羅伊・皮普（Roel Pieper）、羅伯・伯傑斯（Rob Buegess）、唐・盧卡斯（Don Lucas），和布魯斯・奇森（Bruce Chizen）。每一次我們嘗試在宇宙留下足跡時，每一位在我身旁的同事。特別要提到的人有：早年在蒙納許大學的潔姬・奧斯朋（Jackie Osborne）、卡爾・哈同（Carl Hartung）、麥可・史塔夫羅（Michael Stavrou）、蘇、庫貝許（Sue Kupsch）。ＢＨＰ鋼鐵的巴特・威吉瓦伯格（Bart Vijvaberg）、薇樂莉・威思頓（Valery Vilsten）、海瑟・莫翰（Heather Maughan）、布萊恩・莫翰（Brian Maughan）、傑恩・狄克森（Jayne Dixon）。一九九五年美國帆船盃的彼得・莫里斯（Peter Morris）和格蘭特・西莫（Grant Simmer）。Quokka Sports的每一位工作伙伴，包括萊斯・史密特（Les Schmidt）、史提夫・尼爾森（Steve Nelson）、帕斯克・瓦提奧（Pascal Wattiaux）、大衛・雷默（David Rimer）、阿瓦羅・沙瓦雷哥（Alvaro Saralegui）。巨集媒體的貝西・尼爾森（Betsey Nelson）、史提芬・伊羅普（Stephen Elop）、羅伯特・爾威樂（Robert Urwiler）、凱文・林區（Kevin Lynch）、湯姆・哈樂（Tom Hale）、米榭爾・莫格（Michele Murgel）、潘妮・威爾森（Penny Wilson）、強納森。蓋（Johnathan Gay）、彼得・山坦傑利（Peter Santangeli）、威奴・威奴葛帕（Venu Venugopal）、蓋瑞・柯瓦克（Gary Kovacs）。

Adobe的山塔努・那拉延（Shantanu Narayen）、唐娜・莫里斯（Donna Morris）、約翰・布萊納（John Brennan）、湯姆・馬羅伊（Tom Malloy）、強尼・羅雅科諾（Johnny Loiacono）。

大衛的話：

感謝我的母親美代子（Miyoko），為了我的教育她上了三十年的夜班領取最低薪資，因為她我才能有現在的成就。謝謝我的父親佛瑞德（Fred），這位飛上天的農夫教會我不需要遵守人生規則也能夠獲勝。感謝多瑞斯（Dorance）和雷歐塔（Leota）用愛荷華方式養育我，並接納我在日本的親人。感謝我的兄弟約翰不斷激勵甚至打擊我，讓我由內而外都更加堅強。特別謝謝我在世界各地的摯友，對我像家人一樣，在貝查巴（Chabab）和黎巴嫩的翰茲克卡南家（Villa Hazkiel Kanaan）、丹普豪斯家（Damphousse）、新加坡的狄克森斯家（Dickenses）、倫敦的馬赫家（Mahers）、帕森・潔姬（Passion Jackie）、蔡斯特（Zesty）、貝蒂（Beatty）、錢伯（Chambo）、彥斯（Jens）、偉大的柯林・文森（Colin Vincent）、獨一無二的ＪＪ。感謝山納老師（Sensei Shannas）、羅森（Lohsen）、陸軍中士肯（Ken）、和Ｋ１家族。還有，「我要選藍迪・莫斯」的布蘭尼歐，滿嘴廢話的ＴＣＦＦ聯盟，和我一起騎車征服泥濘路的杜立德，還有所有仍然叫我ＬＣＳ的查理頓中學足球和北愛荷華大學足球隊隊友。最後我要告訴女兒艾莉諾・彼得森（Eleanor Peterson）：妳是我每天晚上安詳入睡，每天早上笑容滿面的理由。我愛妳。

克里斯多夫的話：

謝謝每一位愛我的人。大部份的日子裡我覺得自己是地球上最幸運的人。深深感謝我能幹的妻子凱莉，我愛妳，謝謝妳和我分享你的生活，我的生活因為你而不凡。謝謝我的兄弟兼夥伴：阿爾和大衛，沒有你們我的人生將大不相同。凱文・梅尼，你是秘密武器，是偉大的夥伴也是我們之前失落的一塊拼圖。希望這本書能夠榮耀我的媽媽潔姬（Jackie）、爸爸布魯斯（Bruce）、姐妹卡洛琳（Carolyn），還有祖父母凱瑟琳和約翰・洛克翰（Catherin and John Lochhead），約翰（傑克）和瑪莉（梅）・里克（John and Mary Leeke）。我的人生就是由我和所有精采人士彼此之間分享的歡笑、冒險、對話、指導所交織而成。我永遠感謝：馬丁（Martin）、艾瑪（Emma）、維多莉雅（Victoria）、瑪德蓮・考德魯（Madeleine Cottreau）、瑪莉（Mary）、麥可（Michael）、芬恩（Finn）、佛可斯和昆蓮・佛曼（Fox and Quinlan Forman）、珍寧和大衛・伯特森（Janie and David Bertelsen）、簡和菲爾・柯森提諾（Jean and Phil Cosentino）、克莉絲汀（Christine）、蘿麗娜和盧卡斯・羅曼丹、馬特和史蒂芬尼・韓森、傑森（Jason）、瑪莉莎和喬伊・沙帕拉（Malissa and Joey Zappala）、提姆和提娜・羅德（Tim and Tina Phode）、克里斯和金・哈斯（Chirs and Kim Haas）、圖莎・亞特、班・瑞威斯和梅樂尼・基甸恩、蕾拉和馬克思・凡・索斯特、班和羅琳達・寇特柯、艾略特和伊蓮娜・史東（Elliot and Elena Stone）、亞莉莎和麥可・布洛許、潔米和馬特・萊樂斯（Jamie and Matt Lyles）、科林・文森（Colin Vincent）、蓋瑞和茱莉亞・哈利（Gary and Julia Hallee）、克莉絲丁（Christine）、蘿蓮和唐・坎伯（Lorain and Don Campbell）、巴巴拉和大衛・辛伯格（Barb and David Shimberg）、亞蘭和迪亞娜・卡利佛（Alain and Deana Chalifour）、強納森和夏洛蓮・戴爾（Jonathan and Cherilyn Dyer）、捷克・休斯（Jack Hughes）、麥可・丹普浩斯（Mick Damphousse）、馬丁・達利（Martin Daly）、施坦帕老師（Sensei Sithan Pat）、蘇珊、瑪菲斯（Susan Marfise）和菲爾・庫利爾（Phil Collyer）、克里斯丁・羅斯（Kristine Rose）、湯姆・戴真奈（Tom Dagenais）、史奇普和潔姬・簡森（Skip and Jackie Jansen）、戴洛・迪肯斯（Darryl Dickens）、保羅・瑪爾（Paul Maher）、艾莉・卡南（Elie Kanaan）、蘇・巴沙米恩（Sue Barsamian）、包伯・豪威（Bob Howe）、丹尼絲和瑞克・懷特（Denise and Rick White）、莎拉・邱吉爾（Sarah Churchill）、道格和丹尼絲・麥克庫拉（Doug and Dennis McCullagh）、珍娜・松田（Janet Matsuda）、彼得・柯瑞（Peter Currie）、麥可・荷莫（Mike Homer）、

大衛・阿朗森（David Aronson）、朗・勒帕吉（Ronn Lepage）、道格・史密斯（Doug Smith）、蕾娜和奇斯・特鮑（Lena and Keith Teboul）、波・曼寧（Bo Manning）、喬治・布朗（George Brown）、比爾・沃克（Bill Walker）、米爾瑞德（Mildred）、伊索（Ethel）、加地斯（Galdys）、碧翠絲和史提夫・羅漢提諾（Betrice and Steve Lochentino）、雷蒙斯合唱團、默罕默德・阿里、滾石合唱團、范海倫樂團、蒙特婁博覽會籃球隊、電影《搖滾萬萬歲》、強尼・凱許（Johnny Cash）、凱薩・索澤（電影人物）、湯姆・威茲（Tom Waits）、傑克丹尼爾威士忌、龍達・魯西（Ronda Rousey）、電影《謀殺綠腳趾》、李小龍、還有喬治・卡林（George Carlin）。也謝謝每一位毀謗我和看清我的混帳，謝謝你們激勵了我，還有，吃屎吧！祝福蒙特婁島，祝福太浩湖區的青山，祝福聖塔克魯茲的海浪，也祝福每一位想要玩更大的海盜、夢想家，和創新者。

凱文的話：

感謝我的妻子克莉絲丁・楊（Kristin Young），謝謝妳忍受我三天兩頭出差到舊金山，而且很多個晚上沒辦法陪你看電視節目「我是凱特」（寶貝，我真的真的很抱歉我必須放棄這個節目）。謝謝《新聞週刊》和編輯吉姆・伊姆波科（Jim Impoco）在我寫這本書時給了我一個職稱。過去的書裡我通常會謝謝我的孩子艾莉森和山姆忍受我不在他們身邊的日子，不過現在他們已經長大了。艾莉森是個作家，住在英國。山姆正在藝術學校金進修玻璃製作。所以，我真的只剩要感謝我的貓皮皮，謝謝你在漫長的寫作過程中盤據在我的桌上。最後，我不知道要向克里斯多夫、阿爾，和大衛表達我的感激，謝謝你們邀請我加入這個樂團，還有你們整個大家族。這是我人生中最棒的寫作經驗。

我們四個人都不希望我們的工作就此告一段落。如果幸運的話，希望這本書只是一切的開始。

新商業周刊叢書 BW0620

吃掉80%市場的稱霸策略

創造全新品類，跳脫產品之間的競爭，由你定義市場

國家圖書館出版品預行編目（CIP）資料

吃掉80%市場的稱霸策略：創造全新品類，跳脫產品之間的競爭，由你定義市場／阿爾．拉瑪丹（Al Ramadan）、大衛．彼得森（Dave Peterson）、克里斯多夫．洛克海德（Christopher Lochhead）、凱文．梅尼（Kevin Maney）、等著；陳松筠譯. -- 初版. -- 臺北市：商周出版：家庭傳媒城邦分公司發行, 民105.11
面；　公分
ISBN 978-986-477-138-7（平裝）
1. 商品管理　2. 策略規劃
496.1　　105019957

原　書　名／Play Bigger
作　　　者／阿爾．拉瑪丹（Al Ramadan）
大衛．彼得森（Dave Peterson）
克里斯多夫．洛克海德（Christopher Lochhead）
凱文．梅尼（Kevin Maney）
譯　　　者／陳松筠
企 劃 選 書／黃鈺雯
責 任 編 輯／簡伯儒
版　　　權／黃淑敏
行 銷 業 務／石一志、張倚禎

總　編　輯／陳美靜
總　經　理／彭之琬
發　行　人／何飛鵬
法 律 顧 問／台英國際商務法律事務所　羅明通律師
出　　　版／商周出版
臺北市104民生東路二段141號9樓
電話：(02) 2500-7008　傳真：(02) 2500-7759
E-mail: bwp.service @ cite.com.tw
發　　　行／英屬蓋曼群島商家庭傳媒股份有限公司　城邦分公司
臺北市104民生東路二段141號2樓
讀者服務專線：0800-020-299　24小時傳真服務：(02) 2517-0999
讀者服務信箱E-mail: cs@cite.com.tw
劃撥帳號：19833503　戶名：英屬蓋曼群島商家庭傳媒股份有限公司城邦分公司
訂 購 服 務／書虫股份有限公司客服專線：(02) 2500-7718；2500-7719
服務時間：週一至週五上午09:30-12:00；下午13:30-17:00
24小時傳真專線：(02) 2500-1990；2500-1991
劃撥帳號：19863813　戶名：書虫股份有限公司
E-mail: service@readingclub.com.tw
香港發行所／城邦（香港）出版集團有限公司
香港灣仔駱克道193號東超商業中心1樓
E-mail: hkcite@biznetvigator.com
電話：(852) 25086231　傳真：(852) 25789337
馬新發行所／城邦（馬新）出版集團
Cite (M) Sdn. Bhd.
41, Jalan Radin Anum, Bandar Baru Sri Petaling, 57000 Kuala Lumpur, Malaysia.
電話：(603) 9057-8822　傳真：(603) 9057-6622　E-mail: cite@cite.com.my

封面設計／黃聖文
印　　刷／韋懋實業有限公司
經　銷　商／聯合發行股份有限公司　電話：(02) 2917-8022　傳真：(02) 2911-0053
地址：新北市新店區寶橋路235巷6弄6號2樓

■2016年（民105）11月初版　Printed in Taiwan

PLAY BIGGER
by Al Ramadan, Dave Peterson and Christopher Lochhead with Kevin Maney

定價330元
ISBN 978-986-477-138-7